村镇
生态环境营造
工法与实践

Rural
Ecological Environment Construction
Techniques and Practices

程璜鑫　阎中

王凯军　著

化学工业出版社

·北京·

前言
PREFACE

在新时代的背景下，中国乡村的振兴已经成为国家战略的重要组成部分。乡村振兴不仅仅是经济的复苏，更是生活环境的全面提升，乡村面貌焕然一新，各类现代化设施与服务逐步覆盖到广袤的农村地区。然而，在追求经济发展的同时，每年数十亿吨的农村生活污水未经有效处理直接排放，严重污染水体与生态环境，村镇污水处理问题日益凸显，成为乡村生态环境改善的重要制约。因此，深入反思村镇污水处理现状，探讨如何在推进乡村全面振兴的同时有效解决村镇污水处理问题，促进农村生态环境与经济的协调发展，成为乡村建设中不可忽视的关键性问题。

《村镇生态环境营造工法与实践》一书旨在探索和展示乡村环境设计与基础设施建设的协同作用，特别是在乡村污水治理、有机垃圾资源化和环境生态整治等方面的应用。通过对实际案例的深入分析，我们希望为广大读者提供有益的参考和借鉴。

本书的一个重要特色在于对"美丽乡村环境综合整治模块化营造工法"的探讨。模块化不仅能够提高设计和建设的效率，还能够根据不同乡村的具体需求进行灵活调整，提供量身定制的环境解决方案。我们希望本书能够为乡村环境综合整治提供系统的指导，助力乡村实现可持续发展和美丽愿景。

在本书撰写和编辑的过程中，我们得到了许多同行专家的宝贵意见和鼎力支持。在此，谨向以下所有为本书付出心血的作者、编辑和支持者表示衷心的感谢。

感谢成书过程北京中源创能工程技术有限公司、江阴市公用事业管理局、中交水运规划设计院有限公司、北京清华环境工程设计研究院有限公司、中国科学院生态中心、清华大学、河北大学、中国地质大学（武汉）等单位的支持。同时，感谢陈茹、陈文琦、岳子涵、王正浩、牛孟涛、李涛、钱坤、李昕怡、陈佳乐、刘紫晴、沈薇、谭语嫣、汤畅、苏倩倩、张艺磊、靳文杰、纪宁、李凤银、焦新莹、王龙、黄博等人在调研和成书过程的辛勤付出。

我们希望，这本书不仅能够成为专业人士的重要参考资料，更能够引起广大读者对乡村环境设计的关注和思考，共同为建设美丽乡村贡献智慧和力量。

愿本书能够为您带来启发和帮助。

著者
2024 年 12 月

CONTENTS
目录

壹 薪火相传
——乡村建设的历程与展望

贰 由简入繁
——美丽乡村环境综合整治模块化设计

叁 蓝色之源
——污水治理助力乡村生态振兴

肆 绿色之脉
——垃圾处理赋能乡村绿色发展

伍 绿水青山
——有机垃圾资源化处理助力乡村生态循环

CHAPTER ①

薪火相传
——乡村建设的历程与展望

PASS THE FLAME — THE PROCESS AND PROSPECT OF RURAL CONSTRUCTION

乡村振兴的战略背景

自党的十九大报告明确提出实施乡村振兴战略以来，党中央发布了一系列政策性文件，制定发展目标规划，为乡村振兴提供有力政策指导和支持。十九大报告中强调"农业农村农民问题是关系国计民生的根本性问题，必须始终把解决好'三农'问题作为全党工作重中之重"。但随着我国的农村贫困人口逐渐摆脱贫困，"三农"的工作重点逐渐转向全面推进乡村振兴、加快农业农村现代化，农业农村建设工作步入了新的发展阶段。经过全国各地在乡村振兴探索上做出

的不懈努力，乡村振兴事业的发展获得了令人瞩目的丰硕成果，我国乡村建设有了源源不绝的内在动力。

中国现代乡村建设的理念和真知在百年的历史浪潮中与时俱进，不仅注重物质条件的改善，更强调生态环境的保护与治理。在乡村振兴战略推动下，各地纷纷探索智能化、生态化的乡村发展模式，例如浙江省德清县五四村的数字化乡村建设和杭州市指南村的生态文化旅游项目等，均展现了乡村振兴的美好前景。

乡村振兴与美丽乡村建设一脉相承，同时美丽乡村建设又是新时代实施乡村振兴战略的重要内容和关键抓手，可以有效带动乡村产业转型，推进乡村美丽宜居建设，促进村民增收致富，在乡村振兴战略的大背景下，环境工程与环境设计学科对改善乡村生活环境、优化乡村景观具有建设性意义，两者在特定领域的学科交叉与融合也有较高的契合性与学科长远发展的前瞻性。

村镇污水处理现状分析

我国城市生活污水处理体系已初具规模，但农村生活污水处理却长期处于滞后状态。每年农村产生的大量生活污水，绝大多数未经有效处理而直接排放，导致农村环境问题触目惊心。这一问题不仅影响村民的生活质量，也制约了乡村的可持续发展。尽管业界专家多次提出批评和建议，但村镇污水处理市场仍面临有钱建设无钱运行、技术路线缺乏科学评估和监督等困境。

当前，我国村镇污水污染仍然没有得到有效的控制，农村地区经济相对落后，建设和运营经费会造成地方财政负担；同时，一些项目技术路线不科学，设计理念脱离农村实际，未能充分考虑农村用水量与排污特点，忽视了农村地区的实际情况和需求。导致有限的污水处理设施建设资金浪费，运行管理更是难以为继，导致其在实际应用中效果不佳。在村镇污水治理、垃圾处理、有机垃圾资源化和生

态环境建设多个目标下，如果政府顶层设计缺失，各部门之间难免各自为政，从而缺乏沟通协作，导致政策执行不力、资源浪费严重。因此，加强农村环境基础设施顶层规划建设已成为当前环境保护和乡村振兴工作中亟待解决的重要问题。

国际经验与本土实践

回顾国际经验，如20世纪70年代，美国加利福尼亚州的橘郡就超前地考虑建设二十一世纪水厂，将污水处理成饮用水品质注入地下；以色列水资源的短缺程度严重，通过污水资源化解决了水资源和农业发展问题；而日本通过分散式处理技术与自然净化系统的有机结合，用净化槽有效解决了全国的农村污水处理问题，并促进了经济发展，在体制、机制上取得了成功，这也表明了结合国情、注重生

态循环的污水处理模式是可行的。

在国内，部分地区已开展了一些有益的尝试，农村沼气、三格化粪池也在农村成功推广，但农村生活污水处理问题仍然没有得到解决，整体上存在诸多问题，甚至一些省市还在延续过去的错误。因此，我们需要在借鉴国际经验的基础上，根据国情制定适宜的技术政策和选用适宜的技术。简单地说，

就是在乡村建设过程中认真思考农村到底缺什么，设计污水处理时可以给农民留下一些什么对他们有用的东西，因地制宜地考虑适合农村的基本情况，用符合农村生态的方法解决农村的问题，探索适合本土的村镇污水处理模式，如此才能做到真正的节省和最大的成绩。

政府主导的顶层设计

对于量大面广的农村生活污水处理，在实施上以政府组织为主导，制定统一的村镇污水处理规划，明确技术路线与资金保障。同时，协调能源、环境（水、气、固）、生态和农业生产多个部门与元素，形成合力推进污水处理工作模式。以乡村振兴的需求为导向，设计好美丽乡村小康社会形态。

1. 形成以人为本的建设思想

加大对农村污水处理与建设模式的探索，进一步探索因地制宜的"四个一"模块式建设模式（一个设施、一个水塘、一个广场、一个娱乐场地），在解决污水处理问题的同时，改善农村环境面貌，提升村民的生活品质，促进污水处理与农村生态环境建设的有机结合。

2. 创新综合治理与生态循环系统观念

充分发挥国家在农村积累的基础设施和基本组织体系的作用，结合农村实际情况进行技术和模式创新，避免盲目投资与设施闲置。推动村镇污水处理与生态循环相结合，实现水资源的循环利用与生态环境的持续改善，建设一种可持续的、生态型的新型排水系统。

3. 注重公众参与

良好的水生态环境才能确保公众有效分享建设成果，这也是污水处理工作是否取得实效的重要评价标准。加强设计建设人员人文意识，加强他们对村镇污水处理的认识，提高对其重视程度，是保障污水处理设施能够长期发挥效能的基础，也是最终形成共建共享的良好环境氛围的前提。

结语

村镇污水处理问题是乡村振兴战略实施中的一道难题，但也是推动乡村环境改善、促进产业转型升级的重要机遇。通过政府、企业和村民的共同努力，加强政府主导、科学选型、市场化运作、生态循环与公众参与等综合措施的实施，落实乡村振兴战略，我们有信心解决村镇污水处理问题，推动乡村生态环境的持续改善与经济的协调发展，为构建生态宜居的美丽乡村贡献力量。

引言

经济社会的快速发展让人民的生活水平得到大幅度提升，却引发了一系列问题，最终导致环境恶化、资源浪费。根据乡村发展过程中存在的问题，我们提出模块化的乡村发展方式，将理论与实践相结合，深入研究模块化乡村建设途径，这一发展模式也能够很好地解决乡村配套设施缺乏、环境污染、建筑损耗严重、资源浪费等问题。

模块化建设方式将复杂的乡村发展问题自上而下拆解，结合我们长期的乡村调研数据，依据村庄地形特色、村庄文化，选择基本的模块进行组合，让乡村建设在具有创造性的同时，景观规划的丰富性和设计施工的可操作性也得到满足，这在乡村建设中也属于新发展方向。

自 2020 年起，笔者团队通过走访咨询、照片记录、资料分析、设计实践等过程不断丰富模块化理论。先后选取了约 120 处具有代表性的村庄，研究出不同区域类型乡村建设的形式，将乡村调研数据进行整理分析作为理论依据的一部分。在这一过程中也通过设计实践进行提升，产生了具有代表性的设计方案，如"东固城村安次污水处理厂景观设计""越秀公园垃圾分类生态综合体设计""榆树园村集中水站深化设计"等。

CHAPTER ②

由简入繁

——美丽乡村环境综合整治模块化设计

FROM SIMPLE TO COMPLEX — MODULAR DESIGN GUIDELINES FOR COMPREHENSIVE IMPROVEMENT OF RURAL ENVIRONMENT

引言
总则
设计理念
模块化设计细则

总则

编制目的

为全面贯彻习近平总书记重要指示批示精神和党中央、国务院决策部署，积极响应国家美丽乡村建设的号召，以"四个一"理念来进行乡村景观规划，具体指以"一个设施、一个广场、一个水塘、一个娱乐场地"为设计元素，以村镇绿色基础设施为基础，通过垃圾处理、污水治理等设施进行垃圾无害化处理、污水净化及样本呈现。

适用范围

本导则主要侧重"乡村水塘、广场、农业设施、基础设施"的模块化设计。乡村的其他区域、乡村绿色基础设施提升可参照执行。传统村落基础设施除了满足本导则的原则性要求之外，同时应符合相关法律法规、技术规范及上位规划要求。

设计原则

坚持生态优先，绿色发展。

乡村生态环境是乡村振兴的本地资源，在规划中应重视保护乡村及周边环境，关注生态影响因素，坚持生态保护原则，以此更好地进行乡村规划。

坚持特色引领，科学提升。

统筹生产、生活、生态和谐发展，结合农村地区发展实际，遵循乡村发展规律，注重区域资源特色，各美其美，找准乡村"四个一"模块化设计最佳路径。

坚持因地制宜，创新发展。

一味效仿城镇化建设、盲目大搞硬质化工程为乡村环境带来了不可估量的伤害，打破固有乡村建设的套路，从"四个一"的角度出发去思考，得出具有创造性的结合模式。

坚持以人为本，共建共享。

把维护农民群众根本利益作为出发点和落脚点，调动发挥群众的积极性和创造性，鼓励社会各界广泛参与，实现共商共建共享。

坚持长效管护，持续发展。

建立多元化管护投入机制，构建长效管护制度，持续探索科学化系统化发展路径，确保可持续发展。

术语解释

乡村基础设施

绿色基础设施作为生命支撑系统，包含了各种天然和人工化的生态要素。绿色基础设施是将灰色基础设施生态化形成的自然可持续的基础设施，如污水处理池、污水的再生设施、路网整合等，强调通过生态技术手段解决灰色基础设施的弊端。设施中的绿色设施，包含雨水花园、屋顶绿化、人工湿地及其他利用、模拟自然过程的设施等。绿色化的灰色设施指采用可渗透铺装并进行绿化景观设计的乡村道路，以及结合乡村地形地貌、适用于乡村的排水、污水处理设施等。

模块化

"模块"是系统的构成组件，是将一个复杂系统分为若干模块或部分、要素，以便对各个模块或各部分、要素进行深入研究。模块化理论是运用系统论原则，任何一个模块化的事物都是一个系统。模块化的主要方法是分解和组合，过程包括分解系统形成模块、组合模块形成模块化产品、实现模块化的目标。同时，模块化是一个动态的过程。

模块化景观

模块化设计在景观设计领域的应用更为特殊，景观设计由于其特有的艺术形式，要求表达出来的效果特异性很大。从不同的景观实体中抽取元素，进行重组，达到模块化设计的量产，将独立的景观模块单元实现预制生产并重组，可节省景观模块的设计时间和生产时间；模块化的多样化重组和拼装方式可满足多样化的功能需求，以应对设计的不确定性。

设计理念

模块化主题

模块化设计产品凭借其适应性强、形式多样、使用便捷、节省资源等优势受到推广，在各领域都得到了广泛的应用。以"模块化"为主导思想，对乡村进行再设计能够解决乡村发展过程中面临的诸多问题，下面主要集中在以下四个乡村发展领域的研究，突出"四个一"理念。

乡村广场

乡村广场是当前乡村规划布局的重点之一，是乡村居民社会生活的中心以及乡村不可或缺的重要组成部分，作为村民们进行政治、经济、文化等各种社会活动或交通活动的空间场所。

乡村湿地 / 水塘

乡村湿地 / 水塘兼具人工和自然属性，具备自然河流湿地和农耕文化两层景观特性。对于调节乡村小气候、承载当地生物物种、调蓄洪水、孕育农耕文化具有重要作用。

乡村环境基础设施

人居环境基础设施是乡村公共环境的重要组成部分，是完成农村人居环境整治三年行动、建设美丽宜居村庄的重要物质基础。

农业基础设施

乡村农业基础设施是保证农业生产和流通能够在适宜条件下顺利进行的具有公共服务职能的设施，其建设有利于带动基础产业发展、畅通城乡经济循环，具有长远的重要性和现实的紧迫性。

技术创新

以"四个一"为乡村规划的主题，因地制宜，不同模块间灵活搭配，突出特色，可以打造农业生态观光型、农业参与体验型、乡村科普考察型、乡土民俗文化型和乡村休闲度假型乡村景观。通过恰当的设计手法，放大乡村所具有的独特魅力，为村民打造蓝天白云、清水绿岸、鸟语花香的乡村环境。

乡村环境基础设施模块化

乡村广场模块化

乡村农业基础设施模块化

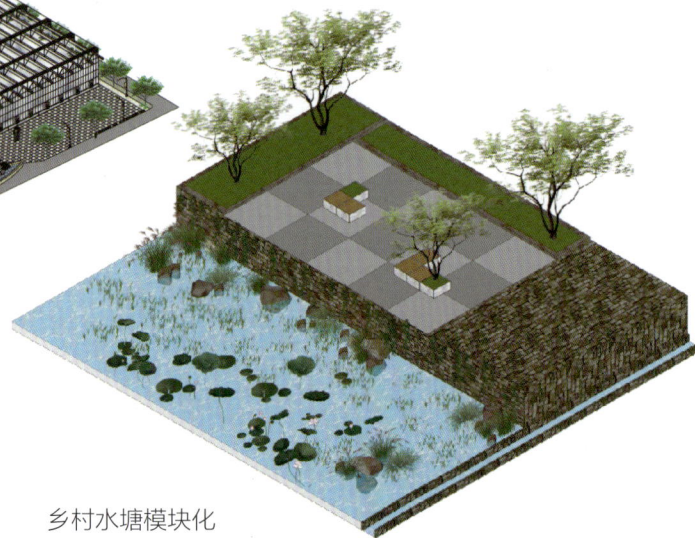

乡村水塘模块化

示范工程

东固城村示范项目

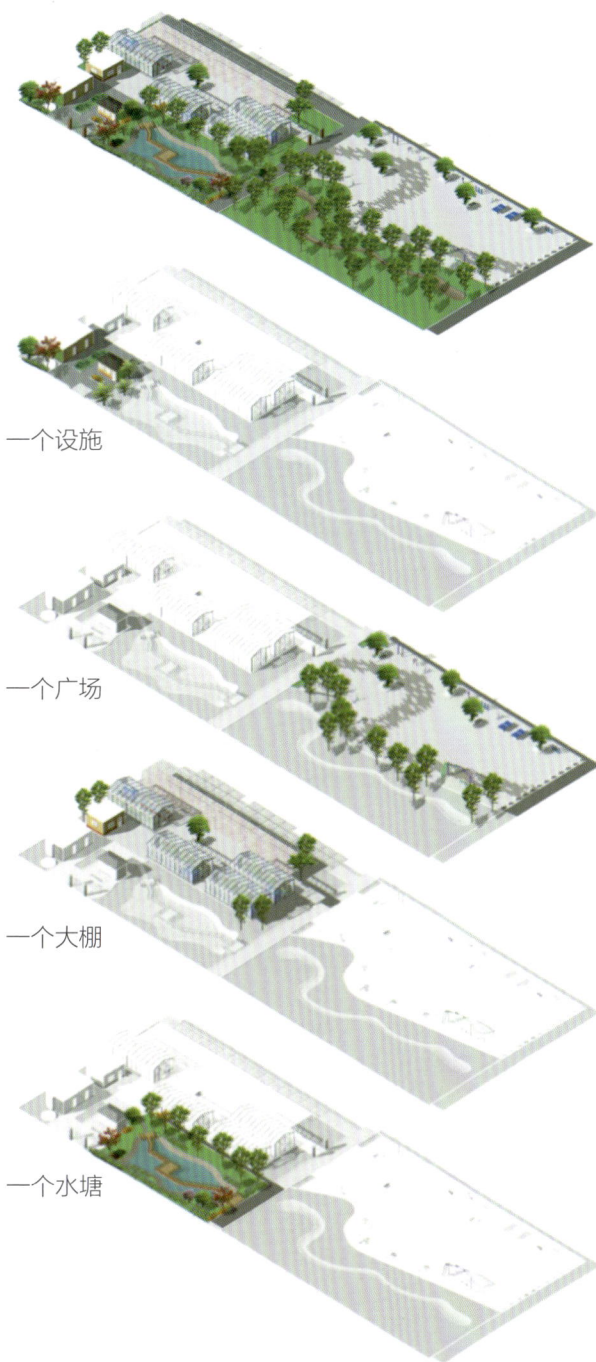

一个设施

一个广场

一个大棚

一个水塘

远景展望

立足于乡土中国的发展现实

乡村地区分化现象导致各地演变出不同的村落格局，乡村在过度建设情况下易失去特色和优势，在考虑未来乡村基础建设的同时应立足于乡土，找到建设平衡点，即在生产与生态间找到最佳平衡点。

乡村建设兼顾目标与问题导向

乡村基础设施建设是"双碳"背景下乡村经济建设与生态保护协同发展有效路径，是实现乡村高质量发展的基本保障。未来应兼顾目标与问题导向，以规范的实证研究方法科学规划各地区的乡村绿色基础设施投入，构建乡村绿色基础设施多元化投资及地区协同机制，助力乡村经济协调、绿色、可持续发展。

模块化设计细则

"乡村广场"模块化设计

"乡村广场"景观设施系统

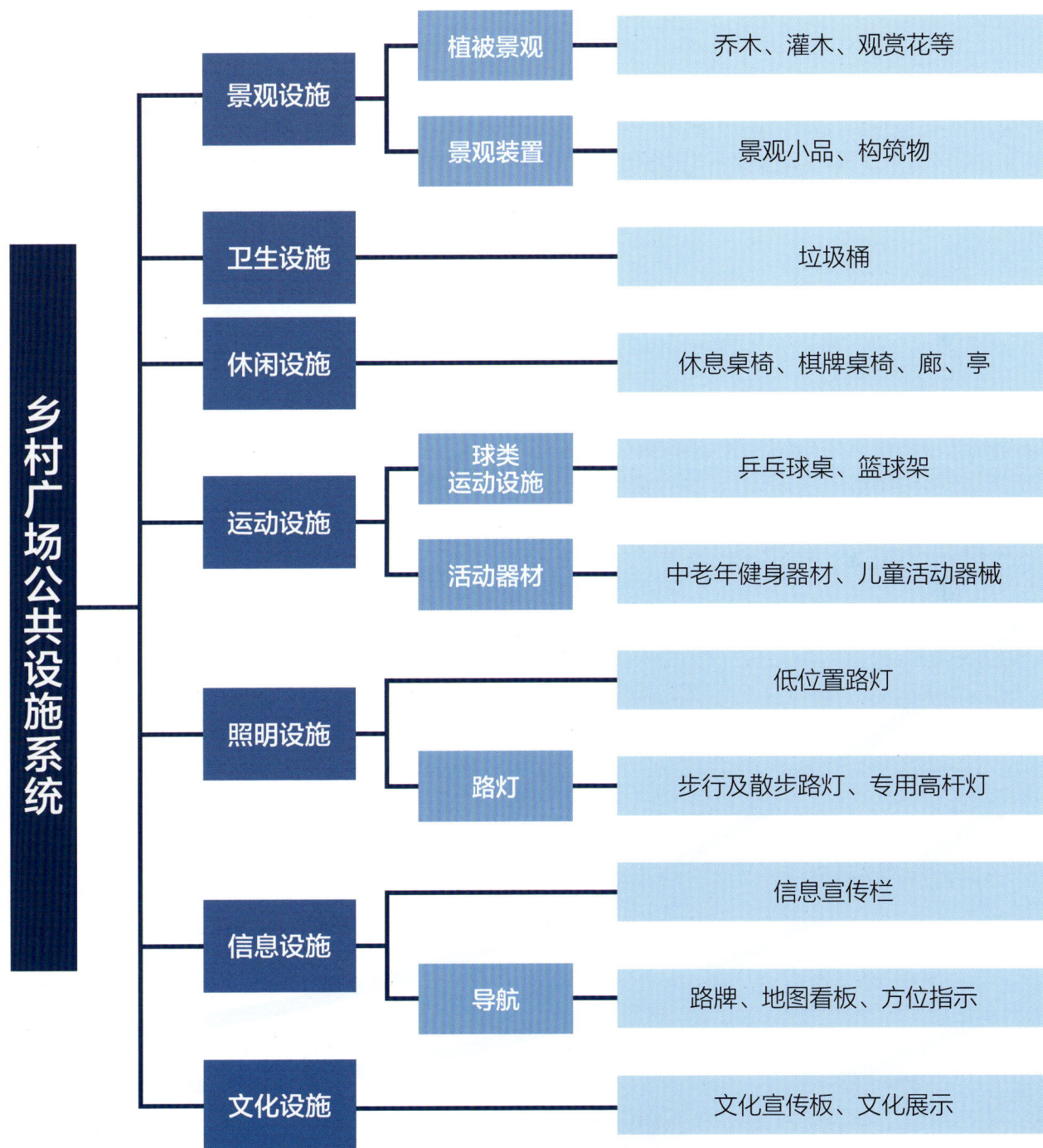

乡村广场公共设施系统

- 景观设施
  - 植被景观 —— 乔木、灌木、观赏花等
  - 景观装置 —— 景观小品、构筑物
- 卫生设施 —— 垃圾桶
- 休闲设施 —— 休息桌椅、棋牌桌椅、廊、亭
- 运动设施
  - 球类运动设施 —— 乒乓球桌、篮球架
  - 活动器材 —— 中老年健身器材、儿童活动器械
- 照明设施
  - 低位置路灯
  - 路灯 —— 步行及散步路灯、专用高杆灯
- 信息设施
  - 信息宣传栏
  - 导航 —— 路牌、地图看板、方位指示
- 文化设施 —— 文化宣传板、文化展示

"乡村广场"模块划分

乡村广场作为人们户外活动的重要场所，承载着村民日常活动集会、休闲娱乐、健身活动、文化传播等众多功能。在功能分区上，广场一般由多部分功能组成，在设计时根据广场各部分的功能要求划分形成相对独立但又相互关联的单元。

模块由系统分解而来，根据乡村广场功能及组成要素进行分级，将乡村广场景观模块划分成三级系统，一级系统包含康养模块、运动模块、种植模块、科普教育模块、商业市集模块和娱乐模块。二级模块是构成一级模块的要素，三级模块是基础模块，是构成二级模块的要素。模块库是由三级模块组成的，三级模块具有通用性，设计根据场地具体情况选择三级模块构成二级模块，一级模块由二级模块构成，需要根据每个乡村广场的需求和特点进行组装。

一级模块	二级模块	三级模块
康养模块	景观亭	亭子顶盖、装饰柱
	休闲桌椅	围棋桌椅、积木式桌椅
	户外基础构建	垃圾桶、照明灯
	植物绿化	乔木、灌木、观赏花
	硬质铺装	透水铺装、硬质铺装
	文化标识	文化小品、雕塑
	信息设施	宣传栏、展览板
运动模块	老人健身器材	乒乓球台、康体器材
	儿童游乐器械	沙坑、攀爬架等
	休息座椅	
	植物绿化	乔木、灌木、花草
	硬质铺装	透水铺装、橡胶铺装
	户外基础构建	垃圾桶、照明灯
种植模块	地面铺装	植草砖、硬质地铺、透水铺装
	活动座椅	组合座椅
	种植池	种植箱
	户外基础构建	垃圾桶、照明灯
科普教育模块	廊架	廊架顶盖、装饰柱
	种植池	
	文化宣传板	
	户外基础构建	路灯、垃圾桶
	文化小品	
商业市集模块	可移动售卖亭	
	售卖箱	
娱乐模块	露天影院	
	活动座椅	
	硬质铺装	
	户外基础构建	路灯、垃圾桶

"乡村广场"模块化设计方法

广场通过模块搭建，实现村民共建共享。广场可依据居民需求，灵活变动位置、数量，实施更替，演绎不同的场景单元。通过组合，广场可生成运动健身、康养疗愈、休闲娱乐、乡村市集、文教合一等多种空间类型。

灵活的网格单元   多样模块置入，场景构建   灵活的场地适应性变化

| 运动健身 | 康养疗愈 | 休闲娱乐 | 乡村市集 | 文教合一 |

"乡村广场"模块化组合

建立模数化的网络系统，使整体景观的框架基于一个模数化的网格系统之中。基础模数网格是广场模数设计中的标准尺寸，整个广场景观系统及内部所有组合要素的尺寸均应与基础模数呈倍数关系。通过建立基础模数，扩展形成一系列尺寸，对场地功能划分、铺装场地、植物布局、构筑物、设施布局等起到协调作用，为后期设计及施工定位参照尺寸，形成标准化设计。

功能场地一	功能场地二
功能场地三	功能场地六
功能场地四	功能场地五

■ 景观配套设施
□ 功能场地
▦ 模数网络

1. 在广场性质、规模面积、用地比例的基础上，结合模数化，确定各个功能区的规模面积，功能区与功能区之间需要尺寸协调。

2. 广场景观模数系统的构建要着重考虑广场与建筑的关系、广场与街道的关系、广场与自身形态及尺度的关系、广场自身功能区之间及功能区内部组成要素之间的搭配关系等。

3. 广场的划分选择具有规律性、能够以数量单位来定位的规则几何样式，几何的形式、尺寸的确定需严格按照创建的模数系统来执行。

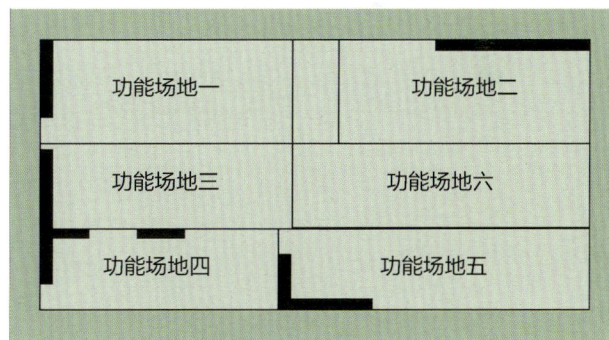

"乡村广场"模块化设计方法

种植模块
基本模块 种植池、种植花架
辅助模块 休息座椅、种植标识、 休息廊架
构成要素 自动浇水喷洒设备、 社区花园、植物科普、 自然课堂

运动模块
基本模块 透水铺装、健身器械、 座椅、种植池
辅助模块 儿童娱乐设施、沙坑、 乒乓球台
构成要素 康体健身科普、 其他娱乐设施等

康养模块
基本模块 休息座椅、种植池、 棋牌桌椅
辅助模块 景观墙、休息亭
构成要素 游乐设施、康养科普

娱乐模块
基本模块 露天影院台、 硬质铺装、垃圾桶、 照明设施
辅助模块 观影座椅
构成要素 休闲设施

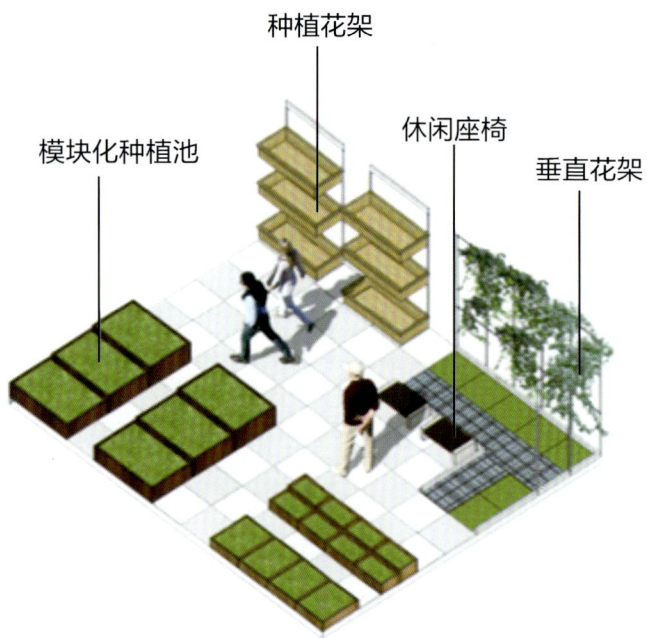

模块化种植池　种植花架　休闲座椅　垂直花架

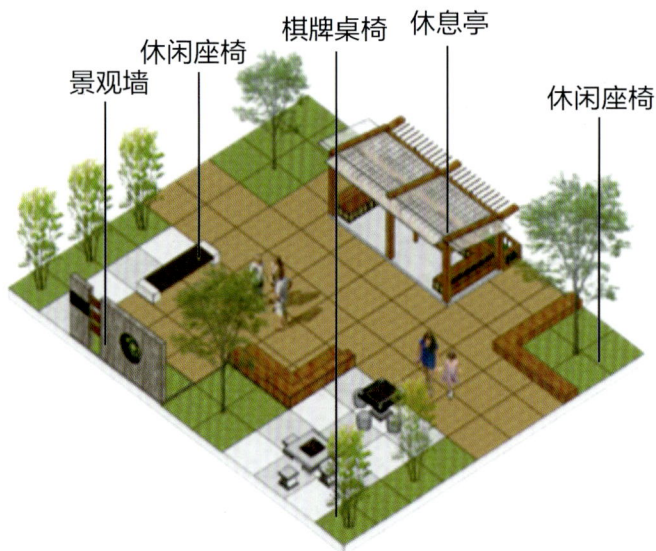

景观墙　休闲座椅　棋牌桌椅　休息亭　休闲座椅

健身器材

休闲座椅

种植池

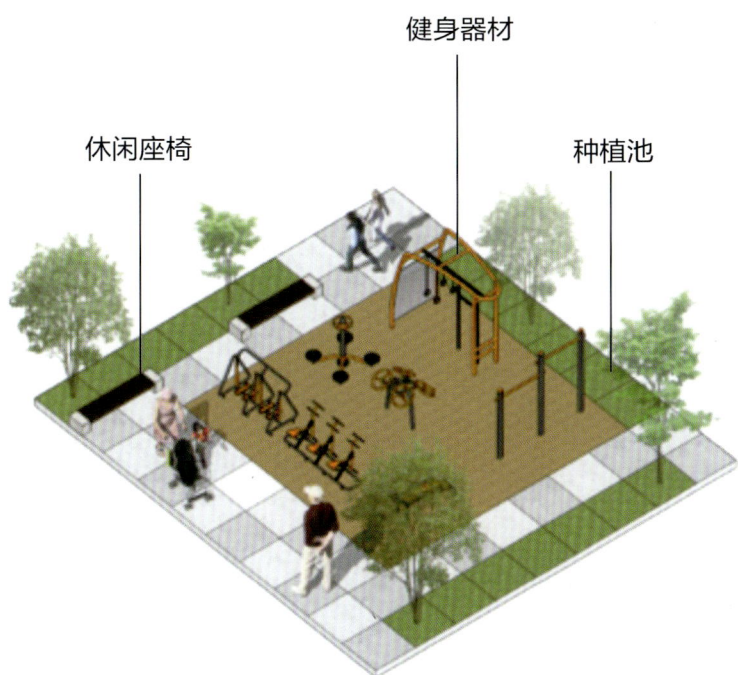

商业市集模块
基本模块 贩卖车、贩卖箱
辅助模块 可移动贩卖装置
构成要素 休闲座椅、 宣传指示牌

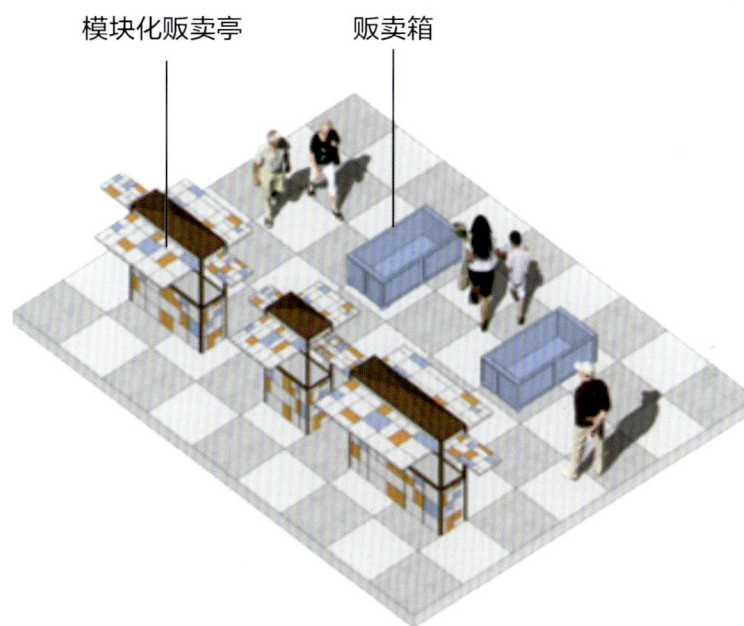

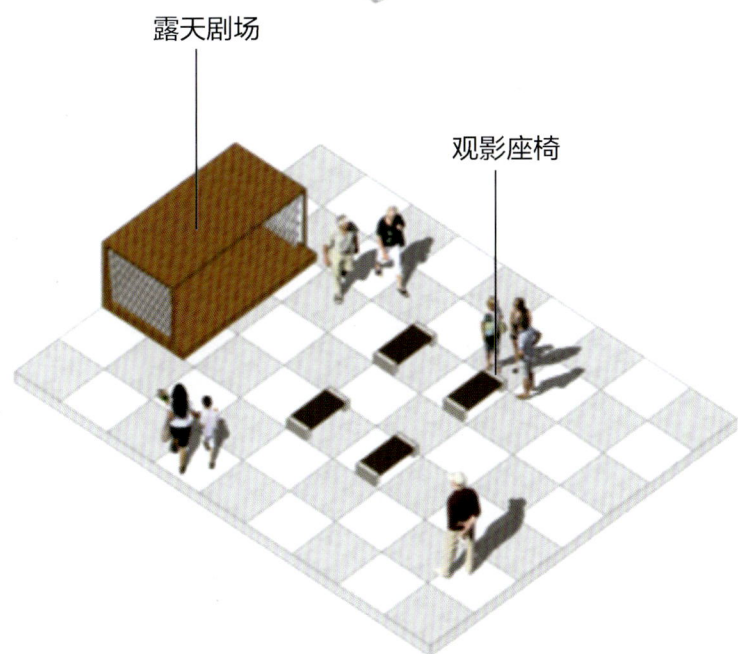

模块化贩卖亭

贩卖箱

露天剧场

观影座椅

科普教育模块
基本模块 廊架、种植池、 休闲座椅
辅助模块 文化宣传展板、 垃圾桶、照明装置
构成要素 文化小品、景观装置、 宣传角

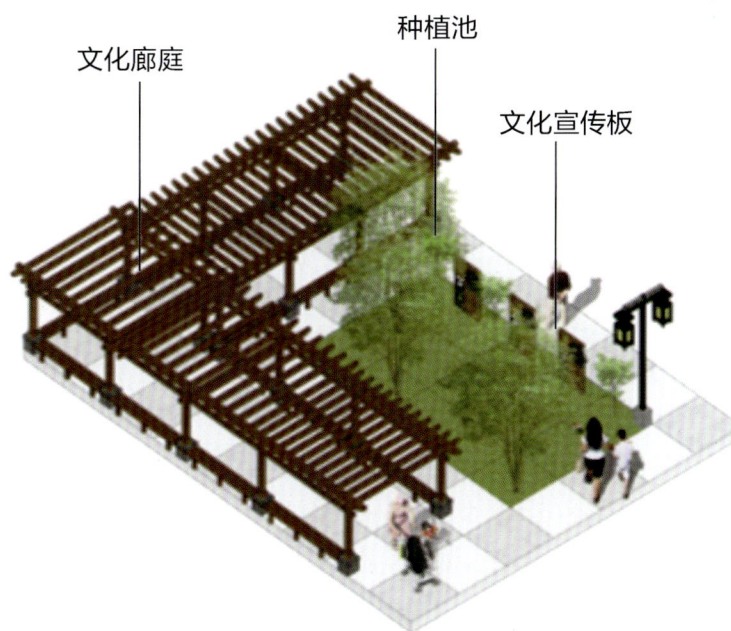

文化廊庭

种植池

文化宣传板

种植模块效果图

康养模块效果图

"乡村广场"模块化设计效果图展示

康养模块满足村民相对静态的活动形式，通常具有半私密性，如邻里间的聊天、晒太阳、带孩子等，适于村民在此驻足停留和小坐，因此以休闲座椅、廊亭、康养植被、花池、树池、花架为主。同时，康养模块也满足村民的动态活动，如下棋、书画、歌舞等，营造热闹的氛围，设置有棋牌桌椅、休息座椅、树池等。

种植模块满足村民从事小型农业种植的需求，增进邻里间的关系同时还可以在此开展种植园艺活动、交流种植经验。

运动模块分别满足老年人和儿童的健身活动需求。老年人的空间受到健身器械设施与运动场地的特定尺寸限制，其所需的最小空间尺寸也随着器械设施大小和专项场地大小而变化。以健身器械设施为主满足中老年人身体需求，组成集休闲、体能、康复的较为全面的健身器械设施组合。同时满足儿童户外活动需求，主要包括活动器械和自然要素如砂子、石头、植物等构成的活动场地。

运动模块效果图

科普教育模块设置有宣传栏、宣传展板、文化景墙等，强化乡村广场设计中的低碳科普教育功能，使村民能够学习低碳知识，在生活中也能形成良好的低碳生活习惯。集市模块硬质铺装也应使用生态效益高的当地石材，节点采用有效、渗透率高的多空间隙铺装，以达到对自然的最低影响。

"乡村广场"模块化设计应用案例展示

榆树园村集中水站深化设计实践

　　该项目位于河北省廊坊市榆树园村，在国家建设美丽乡村文件的推动下，中持水务股份有限公司计划为该村增设一个污水处理设施和现代厕所，为农村改厕和污水治理行动添砖加瓦。

场地鸟瞰图

　　采用红砖堆砌的形式打造一个科普展示墙，有助于为乡村打造良好的科学氛围，开拓村民视野，助力乡村振兴；议事小院为村民提供了一个共建、共治、共享的休闲空间；在广场上增设了可以休息的座椅，供村民们休闲座谈，并在底部设置了排水沟，缓解下雨天广场的排水压力。开放式大棚造价低且可以快速实现。村民们可以在菜园里种植生长周期短且易生长的四季蔬菜。

东固城村安次污水处理厂广场景观设计实践

　　根据"四个一"理念，在建设基础污水处理设施基础上，打造湿地水塘、农业种植大棚、林间旱溪景观以及曲水广场几处景观节点。中持水务股份有限公司积极响应国家乡村振兴政策，建设运营该项目，为东固城村提供污水处理的技术支持和公共活动区域，丰富村民日常生活，提升整体幸福指数。

场地总平面图

考虑雨季集中的天气特点，场地整体采用透水铺装，加强雨水下渗能力。在硬质广场和树林交界地带，充分考虑不同场地的过渡与衔接。

在广场上用硬质铺装打造溪流节点，主要体现在形式上的自然。采用不同颜色的地砖表达"把水留住"的主题。同时，广场上的硬质水渠与林间自然形成的旱溪相互呼应，形成鲜明的阴阳对比。

广场设置多种健身器材，为周边村民的活动空间增添活力，丰富村民的日常生活。

"乡村水塘/湿地"模块化设计

"乡村水塘/湿地"景观设施系统

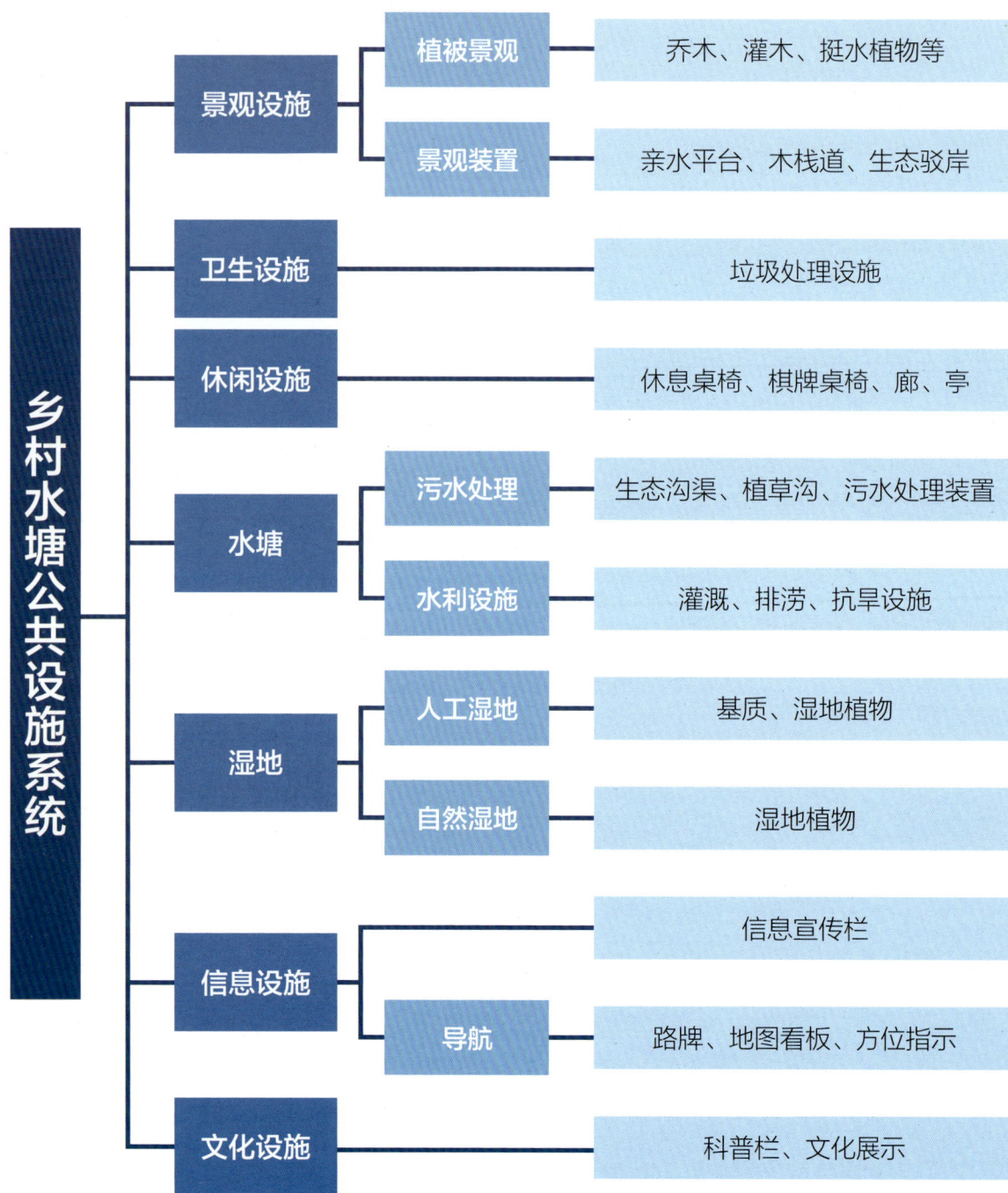

```
                    ┌─ 景观设施 ─┬─ 植被景观 ──── 乔木、灌木、挺水植物等
                    │            └─ 景观装置 ──── 亲水平台、木栈道、生态驳岸
                    │
                    ├─ 卫生设施 ────────────── 垃圾处理设施
                    │
乡村水塘公共设施系统 ├─ 休闲设施 ────────────── 休息桌椅、棋牌桌椅、廊、亭
                    │
                    ├─ 水塘 ─────┬─ 污水处理 ──── 生态沟渠、植草沟、污水处理装置
                    │            └─ 水利设施 ──── 灌溉、排涝、抗旱设施
                    │
                    ├─ 湿地 ─────┬─ 人工湿地 ──── 基质、湿地植物
                    │            └─ 自然湿地 ──── 湿地植物
                    │
                    ├─ 信息设施 ─┬────────────── 信息宣传栏
                    │            └─ 导航 ─────── 路牌、地图看板、方位指示
                    │
                    └─ 文化设施 ────────────── 科普栏、文化展示
```

"乡村水塘／湿地"功能划分

水塘是山地景观中重要的生态系统类型，具有供给、调节和文化多重功能，对于维持乡村社会和经济系统稳定起到关键作用。任何一种类型的乡村水塘中都包含有数个支撑水系主体性质的基础功能模块及若干个辅助性的功能模块，功能模块决定了整个乡村水塘的构成模式。在乡村水塘的发展中，常见功能分别为生活功能、生产功能、生态功能，每类功能的交互与融合是乡村水塘性能提升的关键。

"乡村水塘"功能分类			
功能	**生活功能**	**生产功能**	**生态功能**
子功能	公共交往、休闲娱乐、洗涤垂钓	农业灌溉、水产作物养殖	处理生活污水、美化环境
基本要素	亲水平台、休闲座椅、观景平台、绿化种植	水利设施、水产作物、农业设施	净水植物、排水沟渠、生态驳岸

"乡村水塘"模块划分依据
——模块的独立性与模块间的兼容性

模块的独立性与模块间的兼容性是模块划分的前提。模块的独立性是指每个模块的核心功能的独立性，模块首先是某个独立功能或分功能的载体。因此，水塘模块化要求保证水塘功能分解后，每个模块具有相对独立性。乡村水塘中各组成要素有各自的特点，不同的要素之间是相对独立的，为了避免各要素相互影响导致它们本身内部产生不稳定性，将不同的要素组合成不同的模块，这样可以保证模块的灵活性与创造性。

同时，乡村水塘中各要素虽然是相互独立的，但乡村水塘是各要素模块排列组合形成的系统，在乡村水塘模块化设计过程中，每个模块根据需求进行组合之后，相组合的模块应该是自由的。因此，模块间应同时具有兼容性，这种兼容性分别体现在模块的功能上与空间上，即每个乡村水塘模块中都应该包含有通用的、不易发生改变的元素，包括基础设施、道路骨架、绿化种植等。

"乡村水塘 / 湿地"模块划分

模块化构成的三个要素分别是功能、结构、界面。对于乡村水塘的模块化来说，构成要素分别对应为水塘的功能模块、模块的结构整合、连接模块的接口。水塘的功能模块策划需从乡村的需求入手，因此，总结乡村当下的发展趋势，展望乡村未来的发展需要，是划分功能模块的关键。

对于功能模块的划分主要从以下三类模块体现。

（1）基本模块：体现系统的核心功能并处于主导地位的功能模块。

（2）辅助模块：补充功能，实现基本模块的组合，使基本功能更加完善。

（3）通用模块：作为模块相互连接的接口，适应功能（通用模块主要表现为模块的通用性和标准化，即模块内部构成的相似性、空间的连续性）。

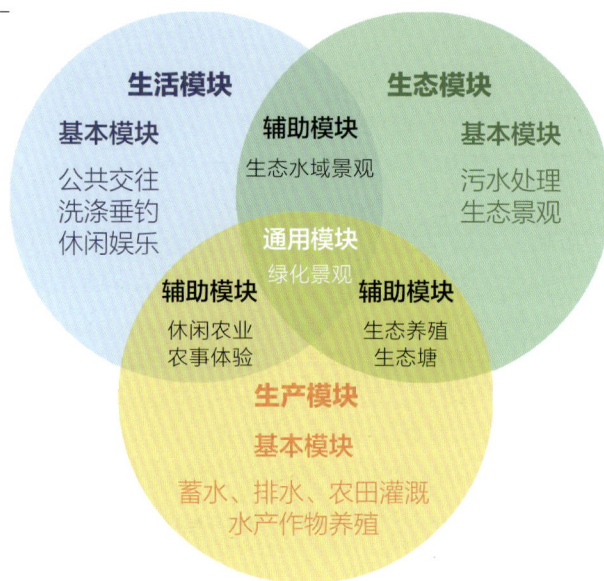

生活模块
基本模块
公共交往
洗涤垂钓
休闲娱乐

辅助模块
生态水域景观

生态模块
基本模块
污水处理
生态景观

通用模块
绿化景观

辅助模块
休闲农业
农事体验

辅助模块
生态养殖
生态塘

生产模块
基本模块
蓄水、排水、农田灌溉
水产作物养殖

"乡村水塘 / 湿地"模块组合

模块之间的关系可以概括为相交、相切、相离三种。在乡村水塘中以功能为主导划分模块，就意味着在模块的置换与组合中主要体现各类模块功能的交互作用。因此，在乡村水塘模块的组合关系中主要运用到"相交"这一关系来实现模块功能的组合。

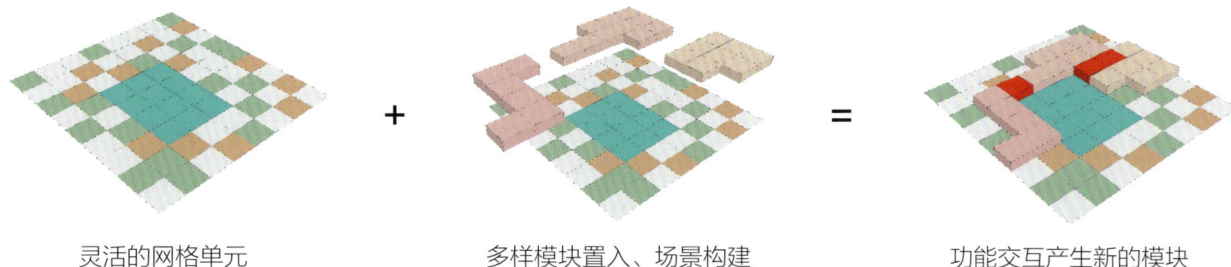

灵活的网格单元 + 多样模块置入、场景构建 = 功能交互产生新的模块

"乡村水塘／湿地"模块应用

生活模块
基本模块
公共交往、洗涤垂钓、休闲娱乐
辅助模块
休闲农业、农事体验、生态景观
构成要素
亲水平台、休闲设施、观景平台、绿化种植

观景平台　休闲空间
洗涤、亲水平台　绿化种植

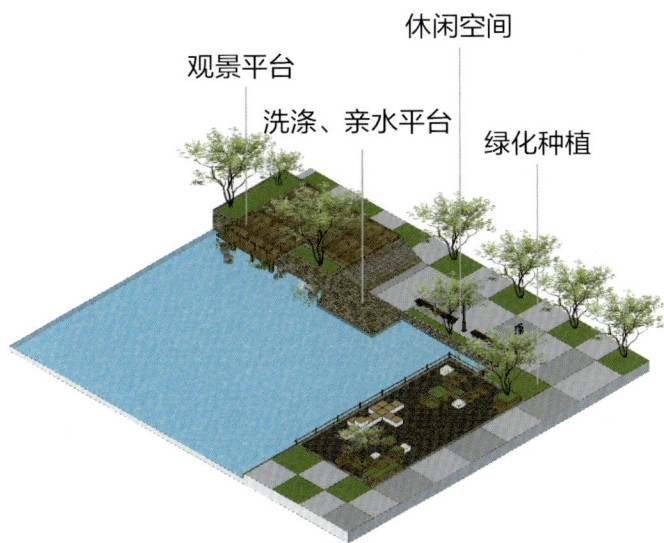

生态模块
基本模块
污水处理、生态景观
辅助模块
生态养殖、生态塘、生态水域景观
构成要素
净水植物、排水沟渠、绿化种植

湿地景观　绿化种植
生态养殖　生态沟渠

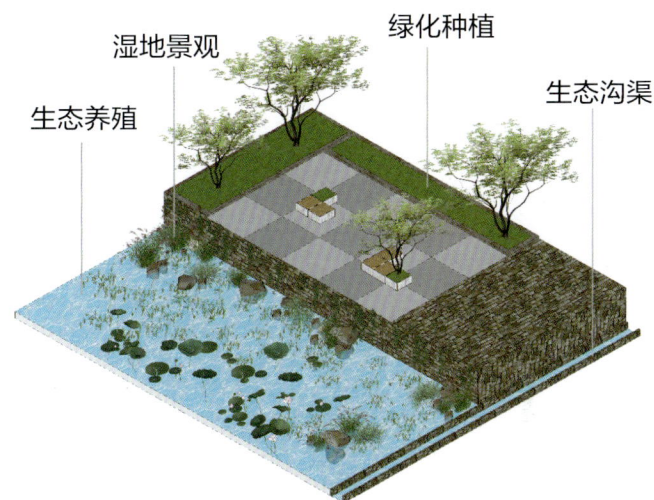

生产模块
基本模块
蓄排水、农田灌溉、水产作物养殖
辅助模块
休闲农业、生态养殖、生态塘
构成要素
水利设施、水产作物、农业设施

农事体验　休闲空间
水产作物养殖　绿化种植

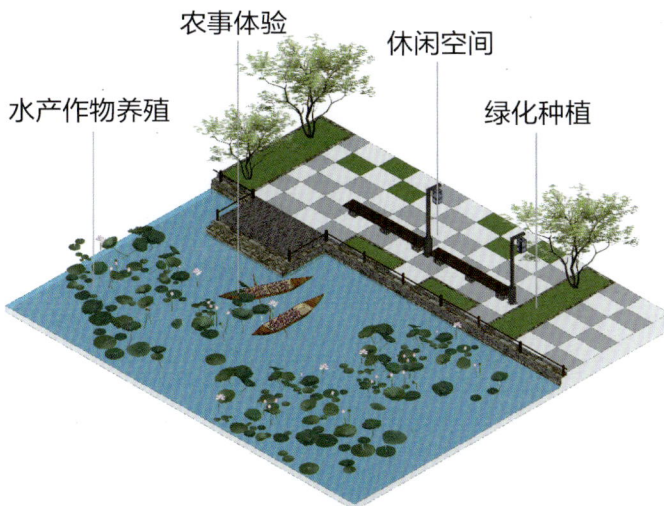

通用模块
基本模块
绿化、休憩设施、景观装置
功能提升
作为模块连接的接口，适应功能
构成要素
绿化种植

观景空间
绿化种植　休闲空间

"乡村水塘／湿地"模块化设计效果图展示

　　农村水系指由位于农田或农民居住区域的河流、湖泊、塘坝等水体组成的水网系统，承担着行洪排涝、灌溉供水、生态、养殖及景观等功能，是乡村自然生态系统的核心组成部分，与乡村振兴、新农村建设密切相关。

　　选取乡村的水塘、湖泊、河道为乡村水系的代表，分别对其生态模块、生活模块、生产模块进行设计。

　　（1）水塘

　　水塘生态模块，运用乡土材料建造生态驳岸，采用净水植物达到净化水体、美化环境的作用，与生产模块结合可发展生态养殖。

　　水塘生活模块，由洗涤台、观景台与休闲空间构成，满足人们的日常交往与休闲娱乐。与生产模块结合可发展休闲农业。

　　水塘生产模块，水塘可用于蓄水、排涝、浇灌农作物，同时发展水产作物养殖，满足经济需要的同时可提升水塘环境质量与生物多样性。

水塘生态模块效果图

水塘生活模块效果图

水塘生产模块效果图

（2）湖泊

湖泊生态模块，建造生态驳岸，可缓解内涝、补枯、调节水位，并且可以增强水体的自净作用，促进水陆生态系统平衡，形成自然岸线的景观和生态功能。与生活模块结合可为居民提供景观游憩、休闲娱乐、科普教育等体验，同时利用生产模块的水产作物养殖，可开展农事体验、农家乐、生态农业等经济活动。

湖泊生活模块，湖泊除了为人们提供饮水与食物之外，还具有丰富的景观资源，通过建造观景平台、景观栈桥、游船码头等可发挥休闲娱乐、科普教育等功能。

湖泊生态模块效果图

湖泊生活模块效果图

湖泊生产模块，利用湖泊丰富的景观资源与物质资源，可在当地开展旅游业与养殖业，带动当地经济增长。

湖泊生产模块效果图

河道生产模块效果图

（3）河道

乡村河道河网水系的基本组成部分，具有排泄通畅、防洪、排涝、灌溉、供水、生态等基本功能。

河道生态模块，采用乡土材料作为岸线岸坡，并种植水生植物，在其发挥净水功能的同时也强化了河道的景观功能。

河道生活模块，建造观景平台、洗涤台、垂钓台、增设休闲空间，满足居民的日常生活需要。

河道生产模块，通过涵管沟通、小型引排水配套设施建设等措施，增强水体流动性，满足河道行洪、排涝、农作物灌溉等基本要求。

"乡村水塘／湿地"模块化设计应用案例展示

沼山村刘通湾

　　刘通湾位于湖北省黄石市大冶沼山村南部，与大冶市金山店镇相邻，西北与鄂州市梁子湖风景区接壤。其在 2020 年被称为湖北旅游名村，同年 8 月进入第二批全国乡村旅游重点村名单，9 月获评中国美丽休闲乡村。村中有一条平均宽 10 余米的河流穿过，有着江南"小桥流水人家"的诗情画意。

刘通湾鸟瞰图

　　村中河两岸为硬质驳岸。水体富营养化，没有系统的排污系统，且缺少水体净化系统。生活垃圾也随意堆放，影响环境美感。村中人口以老年人和儿童为主，村中的建筑大都闲置。古树和石桥都没有得到及时、定期的修理和维护。

白马桥

村中水系

水系植物

刘通湾"水塘 / 湿地"模块化设计效果图展示

透水铺装　　　雨水收集槽　　　　　　亲水性植物　　　　　　　　雨水下渗

地下径流　　　　　　　绿地　　　　　　　　　　　　　　　　　　过滤层

下渗补给地下水位

▲ 景观生态水系重构

▼ 水系驳岸设计

曲面缓冲自然驳岸

植物浮岛

植物墙

阶梯式自然驳岸

▼ 生态污水净化

植物净化　　　　　　　　植物隔离　　　　　　　　亲水平台　　　　　　　　净水池

▼ 农业污水净化

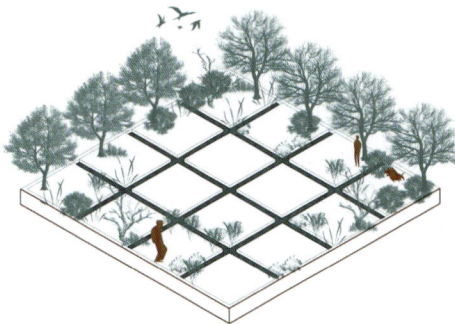   

农田草沟净化　　　　　　植物岸净化　　　　　　　自然驳岸净化　　　　　　污水处理装置净化

▼ 生活污水净化

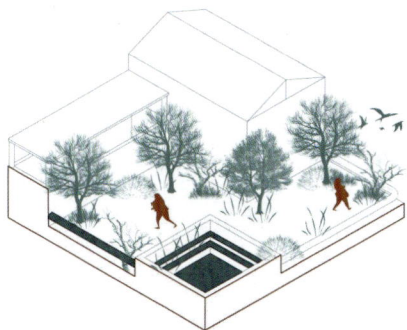  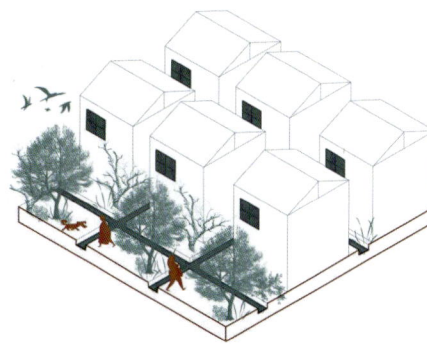 

污泥沉淀池　　　　　　　屋顶花园　　　　　　　　居民区管网　　　　　　　沉淀净化处理

河流出口净化 　村中主要排放点净化 　泥污重点区净化 　河流入口净化 　净化装置效果图

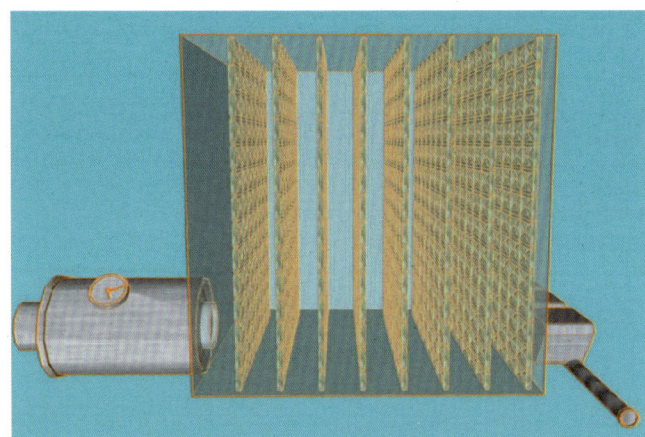

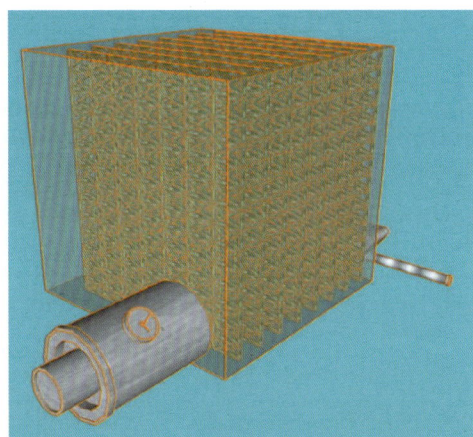

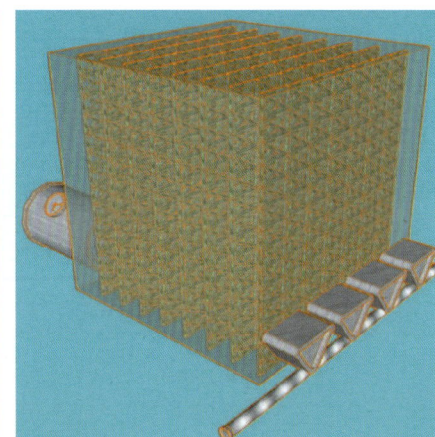

净化装置投放分析图

上层种植植物，增加光合作用，降低碳含量；下层放置净化装置

东固城村安次污水处理厂景观设计

　　该项目由中持水务股份有限公司负责建设运营。园区水塘形态以自然式为主，采用乡土材料作为岸线岸坡，建造生态驳岸。岸线种植水生植物，可以增强水体的自净作用，促进水陆生态系统平衡，形成自然岸线的景观和生态功能。水塘可用于蓄水、排涝，园区内处理达标的水主要汇集于水塘，可用于园区蔬菜大棚的浇灌。

　　设施园区水塘中已达标的水，首先通过地下管道流入广场的硬质水渠，再由广场下的地管道流入林下旱溪。

水塘剖面图

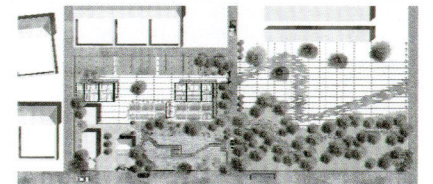

场地剖面图图例

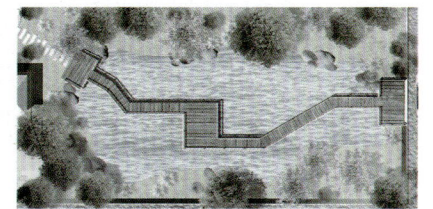

水塘剖面图图例

"乡村环境基础设施"模块化设计

"乡村环境基础设施"系统

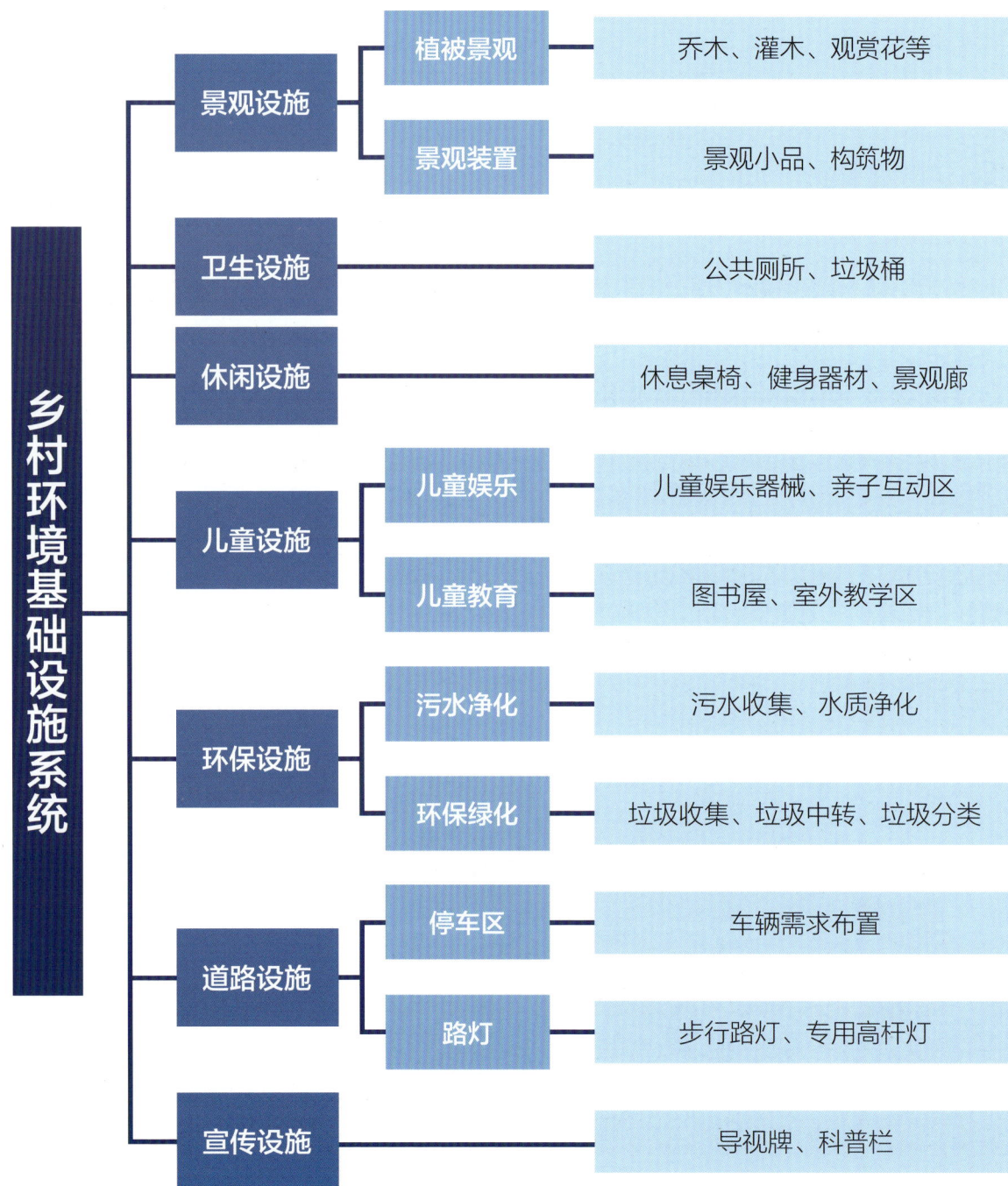

乡村环境基础设施系统	景观设施	植被景观	乔木、灌木、观赏花等
		景观装置	景观小品、构筑物
	卫生设施		公共厕所、垃圾桶
	休闲设施		休息桌椅、健身器材、景观廊
	儿童设施	儿童娱乐	儿童娱乐器械、亲子互动区
		儿童教育	图书屋、室外教学区
	环保设施	污水净化	污水收集、水质净化
		环保绿化	垃圾收集、垃圾中转、垃圾分类
	道路设施	停车区	车辆需求布置
		路灯	步行路灯、专用高杆灯
	宣传设施		导视牌、科普栏

"乡村环境基础设施"模块划分

　　乡村环境基础设施与保护环境和改善乡村环境质量密切相关，作为为乡村生产和居民生活提供公共服务的工程设施，强调人、乡村、基础设施三者之间的协调和互利。设施模块化强调完整性、统一性，保障乡村基础设施的类型齐全及体系完善，注重与乡村风貌的风格统一，详细设计按主体功能合理划分，将设施分为不同功能类型子模块，并在各个模块内限定主体的基础要素。

　　生态环境公用设施模块强调生态性功能。其中污水处理系统、生态厕所、雨水与生活垃圾收集转运等设施可缓解村落环境污染问题，提供水体净化、垃圾简单处理功能，满足公共卫生需求。休闲娱乐公用设施模块重在优化基础建设，充实乡村生活。其中指示标识、健身器械、科普教育单元的融入，旨在激活乡村公共活动承载，带动设施及周边空间焕发活力。不同类型乡村对于基础设施建设的要求不同，首要考虑整体乡村基础设施的齐全与体系完善。而基础设施模块化可以在保证基本需求下，就各模块的必要单元按需进行功能的优化拓展及组合拼接，打造完善的乡村基础设施体系。

项目	生态环境公用设施		休闲娱乐公用设施	
模块划分	水环境基础设施	生活垃圾基础设施	儿童娱乐、基础设施	生活基础设施
子功能	污水处理、再生水利用、污泥处置及利用	生活垃圾处理、垃圾分类、垃圾渗滤液处理	幼儿教育、儿童娱乐	生活休闲、智能充电
基本要素	污水净化、污水排放、清洁池	垃圾收集与分类、垃圾中转	娱乐器械、亲子活动、儿童教学	休闲座椅、生活单元、指示标识、绿化

"乡村环境基础设施 " 模块应用

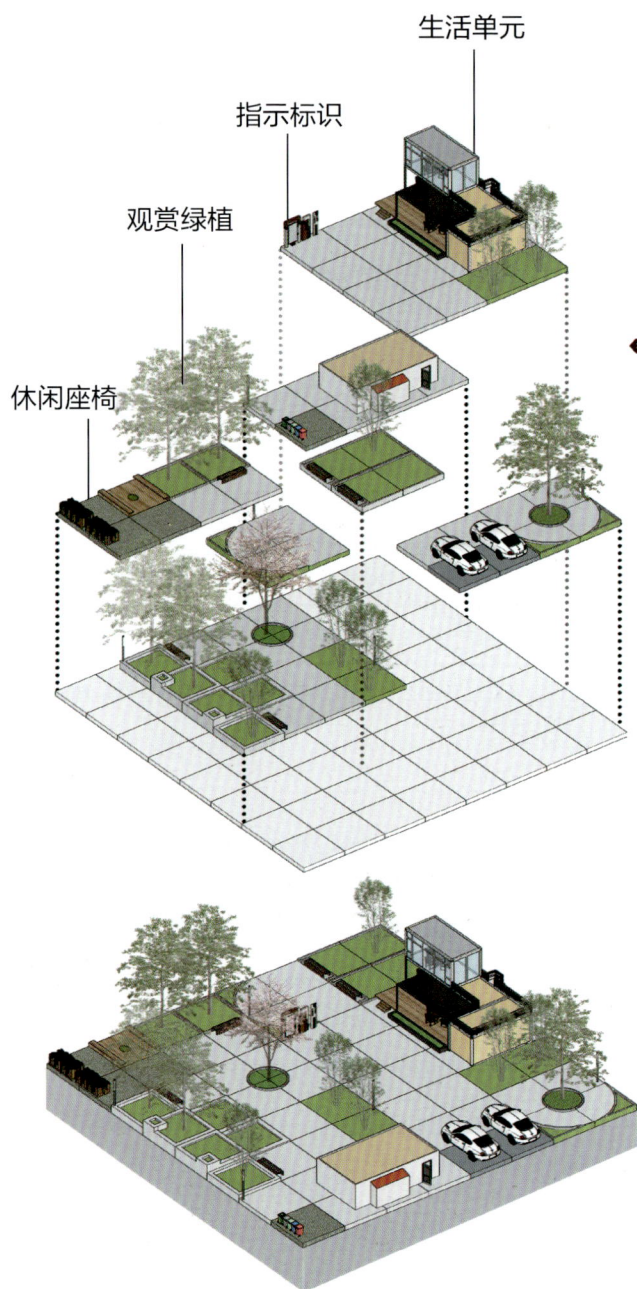

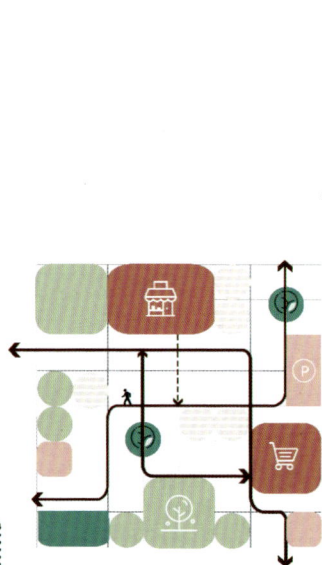

生活单元

指示标识

观赏绿植

休闲座椅

垃圾分类

休闲座椅

雨水收集

科普墙

垃圾车停车

休闲功能模块

基本模块

休闲座椅、生活单元、
指示标识、观赏绿植

辅助模块

文化墙、停车站点、
自动贩卖、宠物娱乐

构成要素

地面铺装、景观小品、
公共停车、快递站点、
生活商铺、健身器材

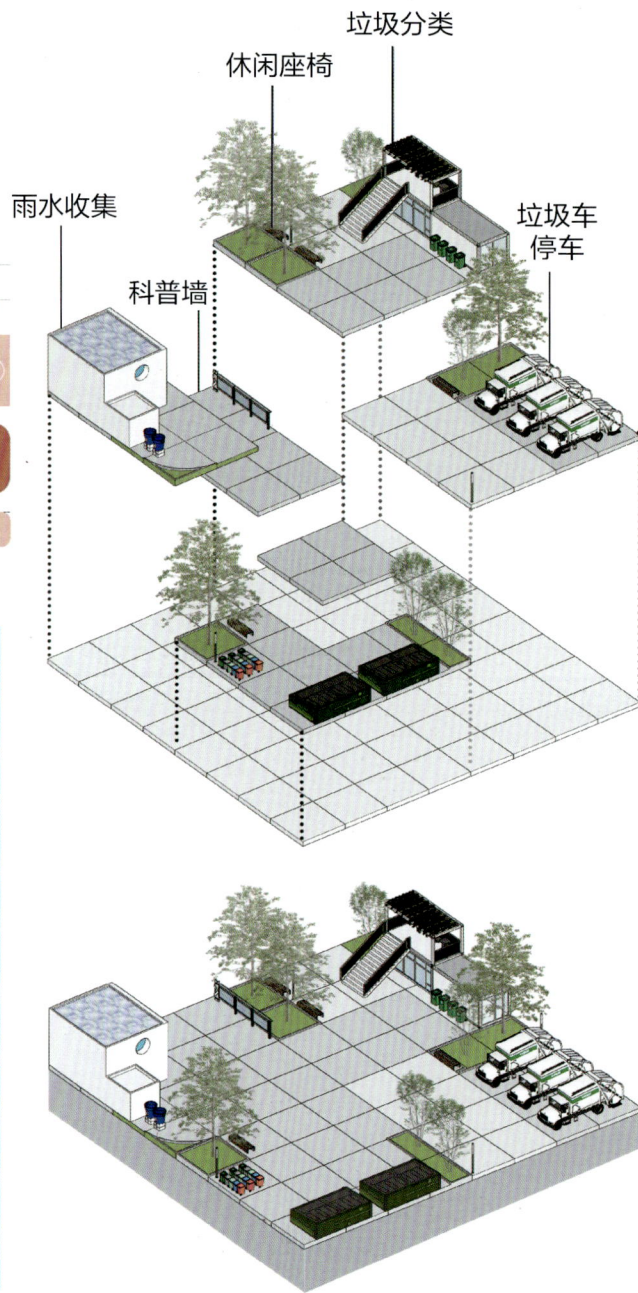

垃圾环保模块

基本模块

基础绿化、雨水收集、
垃圾收集、休闲座椅

辅助模块

垃圾分类、艺术绿廊、
垃圾科普、停车站点

构成要素

地面铺装、雨水净化、
垃圾中转、科普展墙、
垂直绿化墙、果壳箱

亲子单元

儿童娱乐

乡村课堂

生态厕所

智能
充电桩

污水处理

基础绿化

儿童娱乐模块

基本模块

儿童器械、基础绿化、
儿童教育、休闲座椅

辅助模块

夜景照明、亲子单元、
乡村课堂

构成要素

地面铺装、亲子互动、
成人看护、安全监察、
图书借阅、儿童娱乐

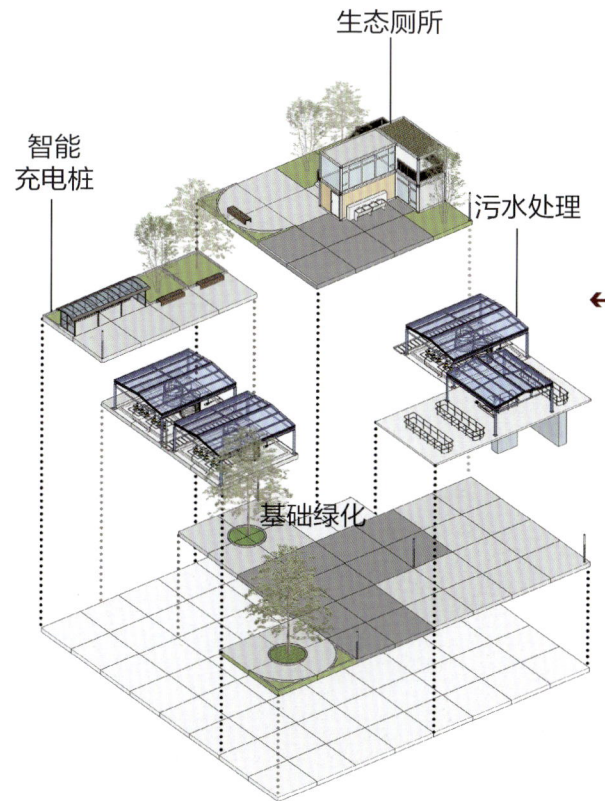

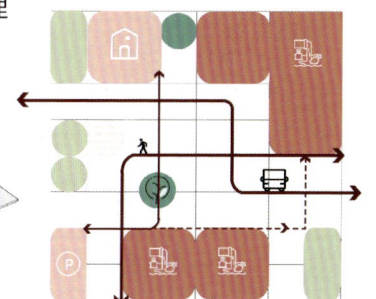

水环境基础设施模块

基本模块

污水处理系统、
基础绿化、生态厕所

辅助模块

充电桩点、公共消毒、
冷热饮用水供给

构成要素

地面铺装、污水净化、
污水排放、清洁池、
太阳能灯具

休闲功能模块以休闲功能为基础多方位展开单元融合。除基础绿化、娱乐设施、休闲座椅外，增设贩卖区与停车区，切实提升休闲模块中基础设施的服务能力，设计中还可以灵活对目标乡村进行传统文化的挖掘与传承，突出村落特色。

休闲功能模块效果图

垃圾环保模块效果图

　　垃圾环保模块以雨水收集、垃圾分类与收集为主要功能，缓解农村生活垃圾问题，助力建设美丽宜居乡村。模块单元内建设宣传栏、科普墙等，增强村民环境保护意识，鼓励以多种途径广泛动员农民群众参与垃圾回收与分类。模块考虑垃圾中转运输，预留垃圾车停车位，绿化上种植乡土树种及花灌木，形式上突出自然特色。

　　儿童娱乐模块以儿童友好为设计原则，致力于促进儿童身心发展，释放天性。单元设计考虑儿童活动空间与各年龄层空间划分，空间规划布置有亲子互动、成人看护、儿童设施、儿童教育等单元，在自然及人工元素、材料选择上重在保障儿童安全，场地色彩设计上符合儿童色彩心理学。

儿童娱乐模块——亲子单元

　　水环境基础设施模块强调生态性功能。国内较多村庄依然存在生活污水乱倒乱排、水臭水漫流现象，水环境基础设施模块内污水处理系统可提供污水简单处理、净化功能，生态厕所则满足乡村公共卫生需求，实现对厕所粪污的基本处理或资源化利用。

水环境基础设施模块效果图

"乡村环境基础设施"模块化设计应用案例展示

南剧村污水处理站景观设计

该项目由长江三峡集团雄安能源有限公司投资，中持（江苏）环境建设有限公司建设，北京中持绿色能源环境技术有限公司负责运营。由于站点受原先场地限制，环境基础设施单元沿道路进行设计。以休闲公共功能为主，环保绿化为辅。

入口处设备间放置集装箱建筑设施。集装箱建筑具有灵活性强、工期短、生态环保等优点，立面设计垂直绿化，增强景观性与生态性；侧边放置入口标识作为站点标志。

在菜园北侧设置垂直绿化墙，视觉上通过不同的色彩、形式、尺寸和不同的排列组合，与周边环境协调融合；科普墙提供场站科普功能，主要设置在污水处理设施处和开放菜园处，科普内容包括污水处理技术、污水处理工艺、污水处理流程等。

河北省保定市南剧村

沼山村刘通湾景观设计实践

乡村花园内部基础设施以休闲娱乐公用设施为主。该场地原本为一块废弃的农业场地，其北面为茶室，东面为乡村振兴展览馆，位置极佳，它是茶室空间人们休闲观景之处，同时也是村民游客在天气晴好时休息娱乐乘凉之处，设施的增加能够优化刘通湾基础建设，丰富村民生活。

小花园位于主干道北面，此处基础设施模块化应用强调完整性、统一性。在保障乡村基础设施的类型齐全基础上，增设建材器械、绿化设施，注重与乡村风貌的风格统一。

沙河村污水处理站景观设计

　　该项目由长江三峡集团雄安能源有限公司投资，中持（江苏）环境建设有限公司建设，北京中持绿色能源环境技术有限公司负责运营。

　　园区基础设施的增加与优化重在提升村民环保意识，培育生态文明，赋能美丽乡村建设。入口右侧在原基础上建设双层集装箱设备间，搭建便捷，以白色为设备间底色。左侧放置场站标识牌，道路考虑建设成本，采用面包砖铺装，设置部分景观座椅，总体色调偏灰色系，用硬质铺装与面包砖地面相过渡与衔接。

　　绿化设施采用垂直绿化方式，用钢结构与木结构搭建垂直墙体，种植攀爬或层叠植物，回用污水站内部处理达标的尾水为垂直绿化墙供给水源，实现生态浇灌。十字道路处放置休闲座椅，两边灌木点缀，增添景观趣味性，视觉上增加横向色彩要素。

"乡村农业基础设施"模块化设计

"乡村农业基础设施"系统

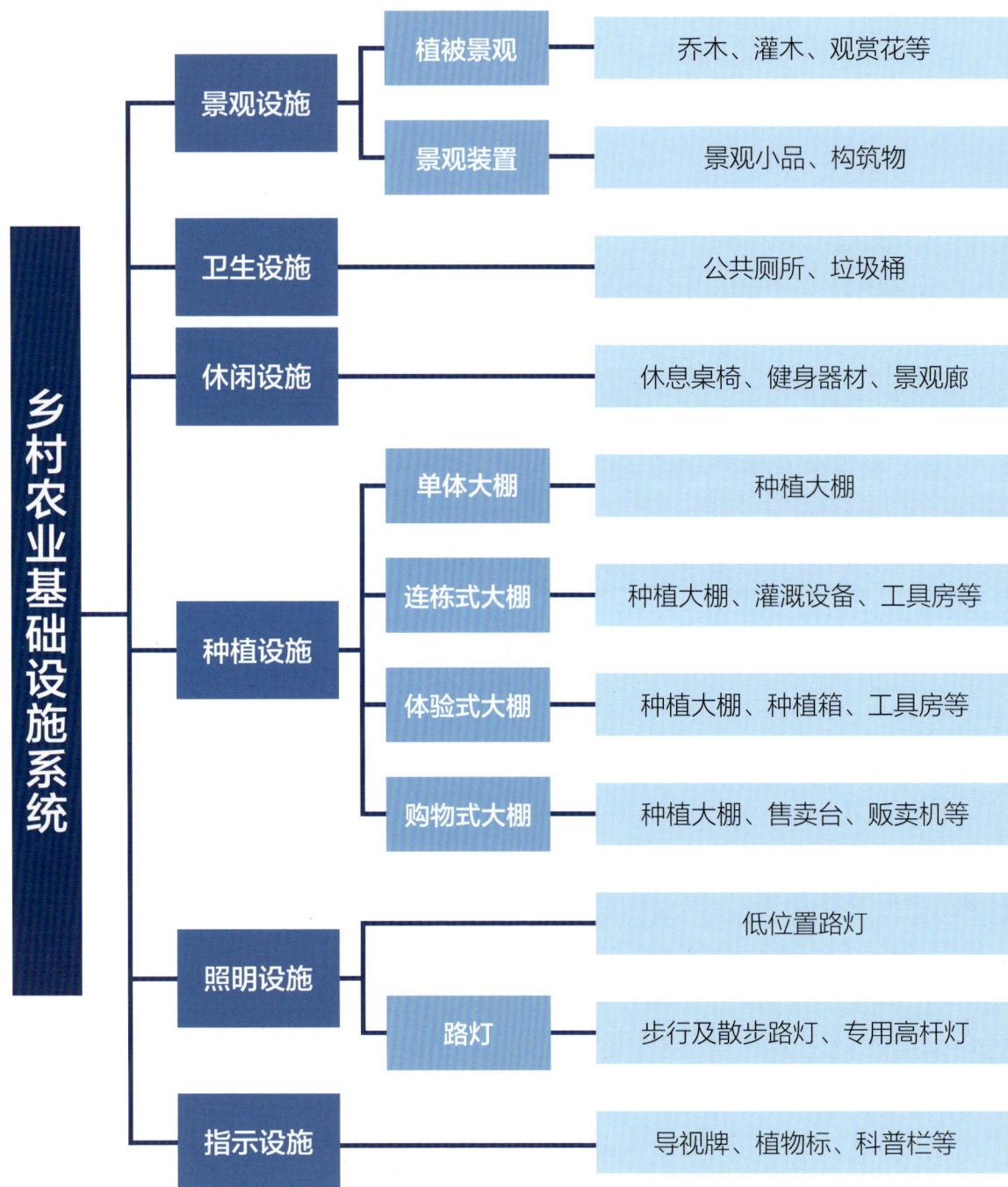

```
                    ┌── 景观设施 ──┬── 植被景观 ──── 乔木、灌木、观赏花等
                    │              └── 景观装置 ──── 景观小品、构筑物
                    │
                    ├── 卫生设施 ──────────────── 公共厕所、垃圾桶
                    │
                    ├── 休闲设施 ──────────────── 休息桌椅、健身器材、景观廊
乡村农业基础设施系统 │
                    ├── 种植设施 ──┬── 单体大棚 ──── 种植大棚
                    │              ├── 连栋式大棚 ── 种植大棚、灌溉设备、工具房等
                    │              ├── 体验式大棚 ── 种植大棚、种植箱、工具房等
                    │              └── 购物式大棚 ── 种植大棚、售卖台、贩卖机等
                    │
                    ├── 照明设施 ──┬── 低位置路灯
                    │              └── 路灯 ──────── 步行及散步路灯、专用高杆灯
                    │
                    └── 指示设施 ──────────────── 导视牌、植物标、科普栏等
```

"乡村农业基础设施"模块划分

　　乡村农业基础设施以农业种植为主，对农业大棚的种类以及使用途径和所属形式进行分析是模块化建设的主要依据。传统的种植大棚为务农型，包括单体大棚和连栋式大棚，主要服务于农业生产、居民生活；后随着生活水平的提高大棚的建设偏向观赏型，主要包括购物式大棚和体验式大棚，这两种大棚功能更加完善，能够创造出更多的收益，主要服务对象偏向外来游客。针对不同功能的大棚及所属模块进行分析，能够将其应用在不同的乡村空间。

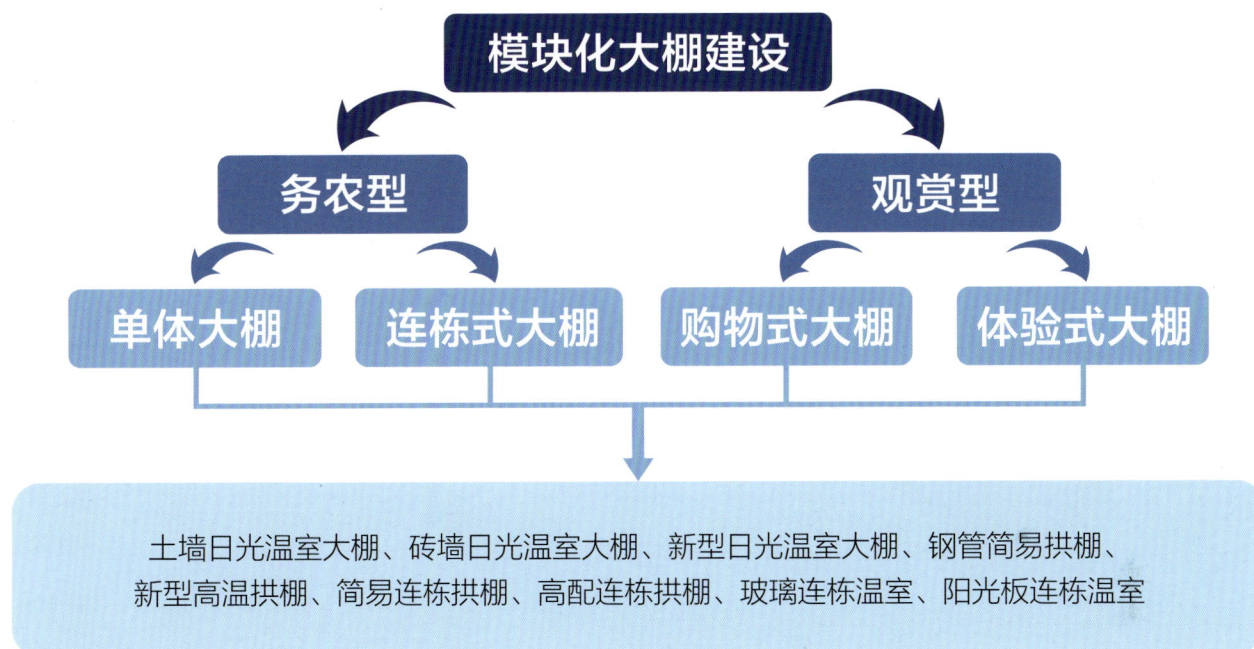

```
模块化大棚建设
├── 务农型
│   ├── 单体大棚
│   └── 连栋式大棚
└── 观赏型
    ├── 购物式大棚
    └── 体验式大棚
```

土墙日光温室大棚、砖墙日光温室大棚、新型日光温室大棚、钢管简易拱棚、
新型高温拱棚、简易连栋拱棚、高配连栋拱棚、玻璃连栋温室、阳光板连栋温室

种类	土墙日光温室大棚	砖墙日光温室大棚	新型日光温室大棚	单栋拱棚	钢管简易拱棚
适用	高价值蔬菜等作物反季节栽培	蔬菜、食用菌、花卉、果树等栽培	用于科研试验、育种育苗、展览等高附加值行业	蔬菜、花卉等经济作物春秋栽培	春秋蔬菜、水果、花卉、食用菌栽培

种类	新型高温拱棚	简易连栋拱棚	高配连栋拱棚	玻璃连栋温室	阳光板连栋温室
适用	冬季对温度要求不高的作物栽培	春秋高价值蔬菜、花卉、药材、食用菌等栽培	立体栽培、花卉养殖、水产育苗、种苗育苗、科研等	立体栽培、科研育苗、生态餐厅、休闲观光等温室使用	立体栽培、科研育苗、生态餐厅、休闲观光等温室使用

"种植大棚"模块划分

种植大棚的模块化设计可以务农型和观赏型两种种植大棚为基础。

普通农户种植以务农为主,为了满足自身生产需要,所需设施较为简单,通过大棚的组合排列,可达到规模化的种植,结合必要的灯光、垃圾处理设施等组成完善的场地。

服务人群较为广泛的观赏型大棚产生的社会效益较大,但总体量大,配套设施多,投入成本高。不过这两种种植大棚都可以通过模块化的拆解、组合形成适用于不同场景的生产,灵活度高。

"乡村农业基础设施"模块组合

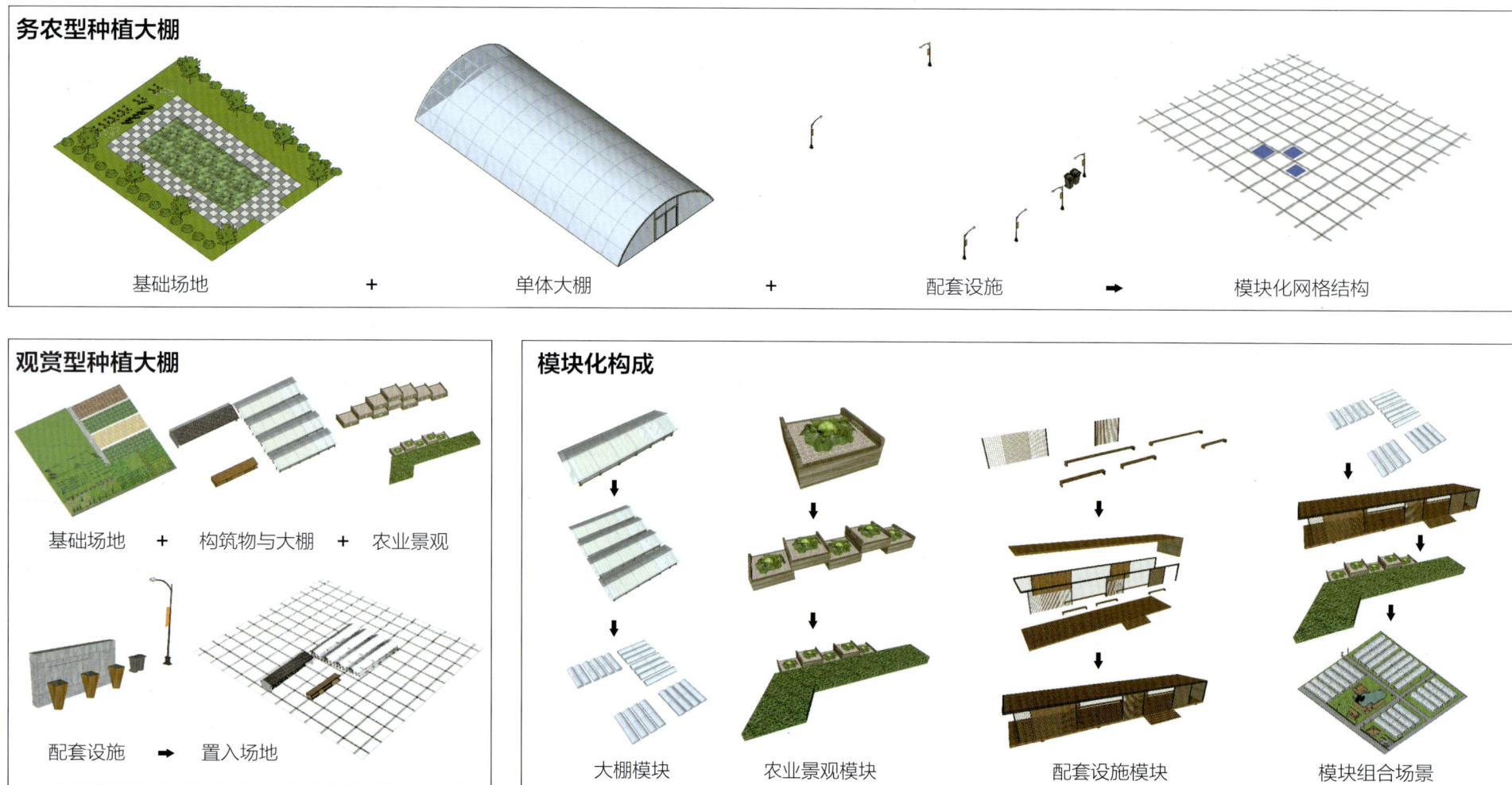

务农型种植大棚

基础场地 + 单体大棚 + 配套设施 ➡ 模块化网格结构

观赏型种植大棚

基础场地 + 构筑物与大棚 + 农业景观

配套设施 ➡ 置入场地

模块化构成

大棚模块　　农业景观模块　　配套设施模块　　模块组合场景

"乡村农业基础设施"模块应用

连栋式大棚

辅助模块

环境控制系统、
能源供电、监控、
数据智能管理设施、
雨水收集池

构成要素

结构支撑要素、
灌溉分支管网、
电力布线、
传感器网络、
安全与防护要素

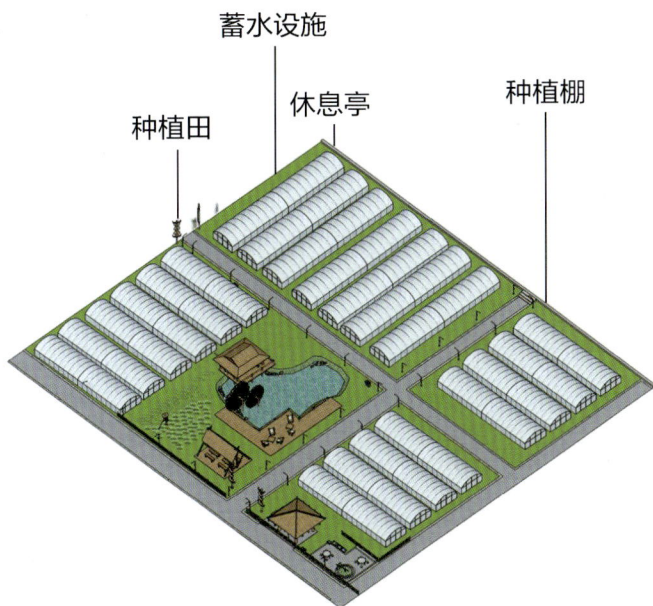

蓄水设施
休息亭
种植田
种植棚

单体大棚

辅助模块

环境控制系统、
能源供电、
智能监测控制设备、
种植辅助设施

构成要素

结构支撑要素、
灌溉分支管网、
低成本传感器、
安全与防护要素

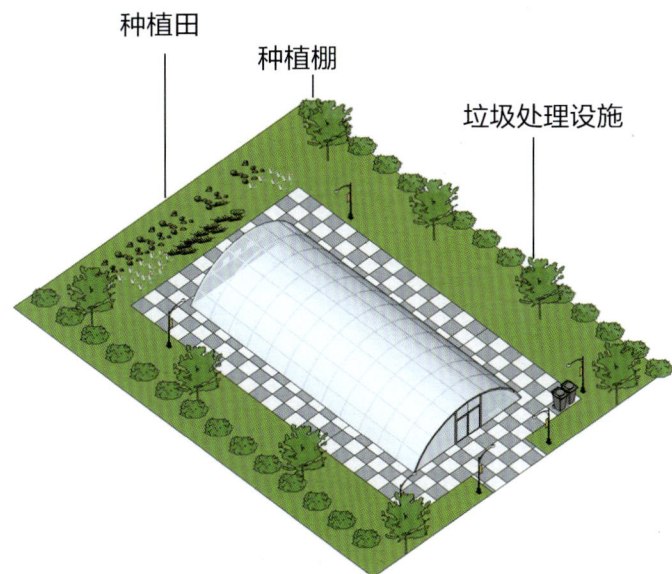

种植田
种植棚
垃圾处理设施

体验式大棚

辅助模块

互动教育装置、
休闲服务区、
雨水艺术装置、
环境控制系统

构成要素

结构支撑要素、
互动技术要素、
人性化服务要素、
灌溉管网、传感器、
安全与防护要素

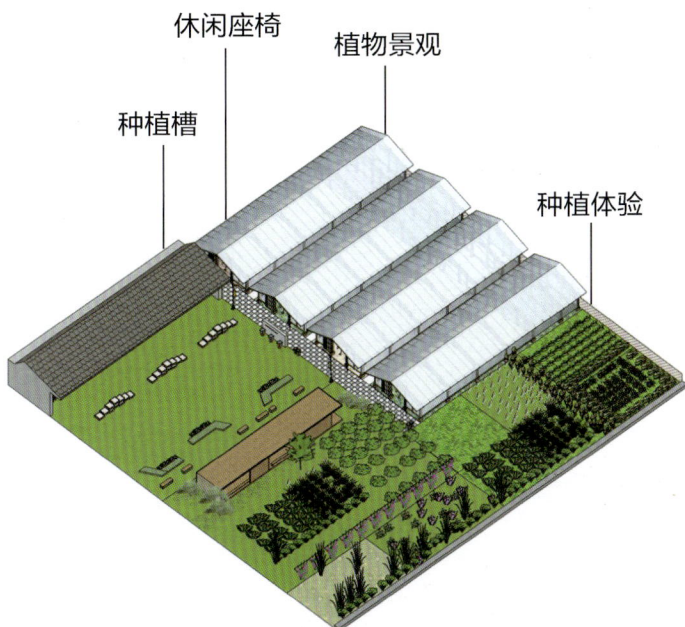

休闲座椅
植物景观
种植槽
种植体验

购物式大棚

辅助模块

商品展销区、
直播带货间、
环境控制系统、
夜间经济单元

构成要素

商业空间要素、
技术集成要素、
体验增强要素、
生态装饰要素、
安全与防护要素

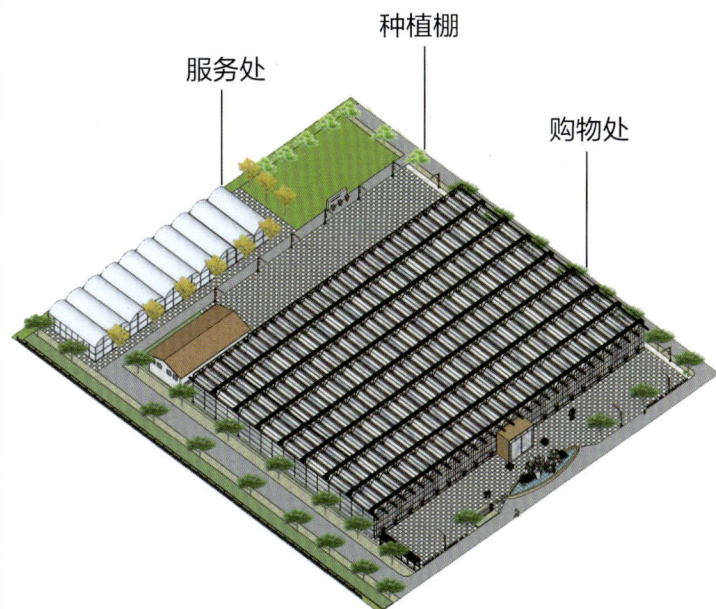

服务处
种植棚
购物处

"乡村农业基础设施"模块用途与特点

购物式大棚以生产经营为主要目的，主要服务外来商户与游客，大棚的体量较大，内部种植科技水平高，受到季节环境的影响小，能够长期满足市场的需求，满足当地居民的收入需求。在功能配置上包括购物、种植采摘、接待、休憩、观赏、停车服务等，较为全面。但同时建造的花费与后期维护成本较高，适合集体化管理种植。

单体大棚满足村民从事小型农业种植的需求，用于日常的生活生产，对外较为封闭，花费成本低，功能单一，受到外界条件限制，无法长期种植。

体验式大棚以旅游服务、游玩教学为主要目的，在种植上种类多样、植物生长周期较短、观赏价值高。空间上分为室内种植与户外种植，受到季节影响程度小，但很大程度上需要人工管理，且植物损耗大，而大棚本身功能较为齐全，技术性较高，前期建造花费较大，但后期维护成本少，同时要配备休憩、接待、冲洗、工具存储等功能区域。

连栋式大棚以农户集中种植为主，主要用于大规模种植生产。大棚建造成本与后期维护成本低、受到季节影响较大，多采用塑料覆膜或玻璃建造大棚，易损坏，使用周期短，同时不需要配备完善的功能，一般水源的灌溉、疏散较为重要。

"乡村农业基础设施"模块化设计应用案例展示

东固城村安次污水处理厂景观设计

中持水务股份有限公司通过采用普通镀锌管，搭起框架，上方附大棚遮阳布，在场地开放大棚内种植生长周期短的四季蔬菜，如西红柿、黄瓜等，为村民提供了一个共享农业、农业体验的场所。温室大棚用来种植对环境要求较高的蔬菜或花卉品种，可供村民参观。

薛庄污水处理站景观设计

该项目由长江三峡集团雄安能源有限公司投资，由中持（江苏）环境建设有限公司建设，北京中持绿色能源环境技术有限公司负责运营。

污水处理站依据条件分别设置了室内与露天两种形式的农业设施，农业大棚内种植生长周期短、环境适应能力强的四季蔬菜，如西红柿、黄瓜等。材料选用采用普通镀锌管，搭起框架，提供一个共享农业与农业体验的场所，增加场地互动性和娱乐性；场地侧面打造露天的种植区域，可供种植观赏与种植体验等，边缘设计垂直绿化，采用钢结构支架搭配文化宣言板，将休闲融入农业。

城子污水处理站景观设计

该项目由长江三峡集团雄安能源有限公司投资，由中持（江苏）环境建设有限公司建设，北京中持绿色能源环境技术有限公司负责运营。

整个场地内，地下分布有大量的污水处理设施，因此在纵向上对园区进行美化。通过不同的绿植搭配，美化园区环境，同时与周边环境相融合。园区增设蔬菜种植节点，处理过的污水可用于蔬菜的浇灌，一方面可以合理使用水资源，另一方面有助于提升园区的景观性。

南剧污水处理站景观设计

该项目由长江三峡集团雄安能源有限公司投资，由中持（江苏）环境建设有限公司建设，北京中持绿色能源环境技术有限公司负责运营。

此场地内设置开放种植区与大棚种植区，均临近人工湿地，可利用湿地净化后的水体实现灌溉，种植生长周期短、环境适应能力强的四季蔬菜，如西红柿、黄瓜等。选用材料采用普通镀锌管，搭起框架，上方附太阳能光伏发电板，收集的电能用于大棚内部。

引言

　　农村生活污水是我国农村污染物的主要来源之一，而农村污染物已成为影响水环境的重要因素，进而影响整个农村的生态环境，同时也制约着农村经济发展。然而，我国农村污水处理设施覆盖率严重不足，农村生活污水治理比例仍然很低，开展农村生活污水治理的村庄占比及推进情况并不乐观。随着我国全面推进乡村振兴，开展农村人居环境整治行动，农村生活污水治理将成为农村人居环境改善工作中的重点。

　　近年来，社会主义新农村建设方针的出台，使我们看到了中国广大农村发展的新方向和美好前景。本质上来说，农村生活污水治理要遵循资源化利用优先的原则，宜因地制宜，优先选用生态处理工艺。农村生活污水应实现"可持续化、无害化、减量化"的治理，使农村生活污水治理朝着更节能环保、循环利用、生态保护的方向发展。农村生活污水治理作为乡村生态文明建设的重中之重，也是我国社会长效发展的必然趋势之一。农村生活污水治理作为我国打造美丽乡村的关键性环节，伴随着国家相关政策的不断完善、人民对美好环境的不懈追求、相关治理技术的不断进步，在未来更加需要科学指引、推进治理不断改善升级，助力乡村人居环境可持续健康发展。

CHAPTER ③

蓝色之源
——污水治理助力乡村生态振兴

THE SOURCE OF BLUE — SEWAGE TREATMENT HELPS REVITALIZE RURAL ECOLOGY

引言

"梦里水乡" ——浙江省宁波市江北区毛岙村

"四季常清" ——河北省廊坊市安次区东沽港镇榆树园村

"碧水微澜" ——河北省廊坊市安次区杨税务镇东固城村

"静泊蔚洋" ——河北省雄安新区安新县桥东村

"净息之韵" ——浙江省杭州市临安区太湖源镇指南村

"古韵流香" ——湖北省恩施州宣恩县椒园镇庆阳坝村

"世外桃源" ——湖北省恩施州恩施市龙凤镇青堡村

"梦里水乡"
浙江省宁波市江北区毛岙村

概述
OVERVIEW

　　毛岙村，位于浙江省宁波市江北区慈城镇与镇海区的交界，上榜中国美丽休闲乡村名单，依山傍水，是有着400多年历史的古村落，村庄周围的群山呈莲花状分布。

　　荣誉：浙江省3A级景区村庄；浙江省第二批全国旅游重点村；第八批"全国民主法治示范村"；浙江省最自然生态村；浙江省卫生村；浙江省第二批未来乡村创建名单。

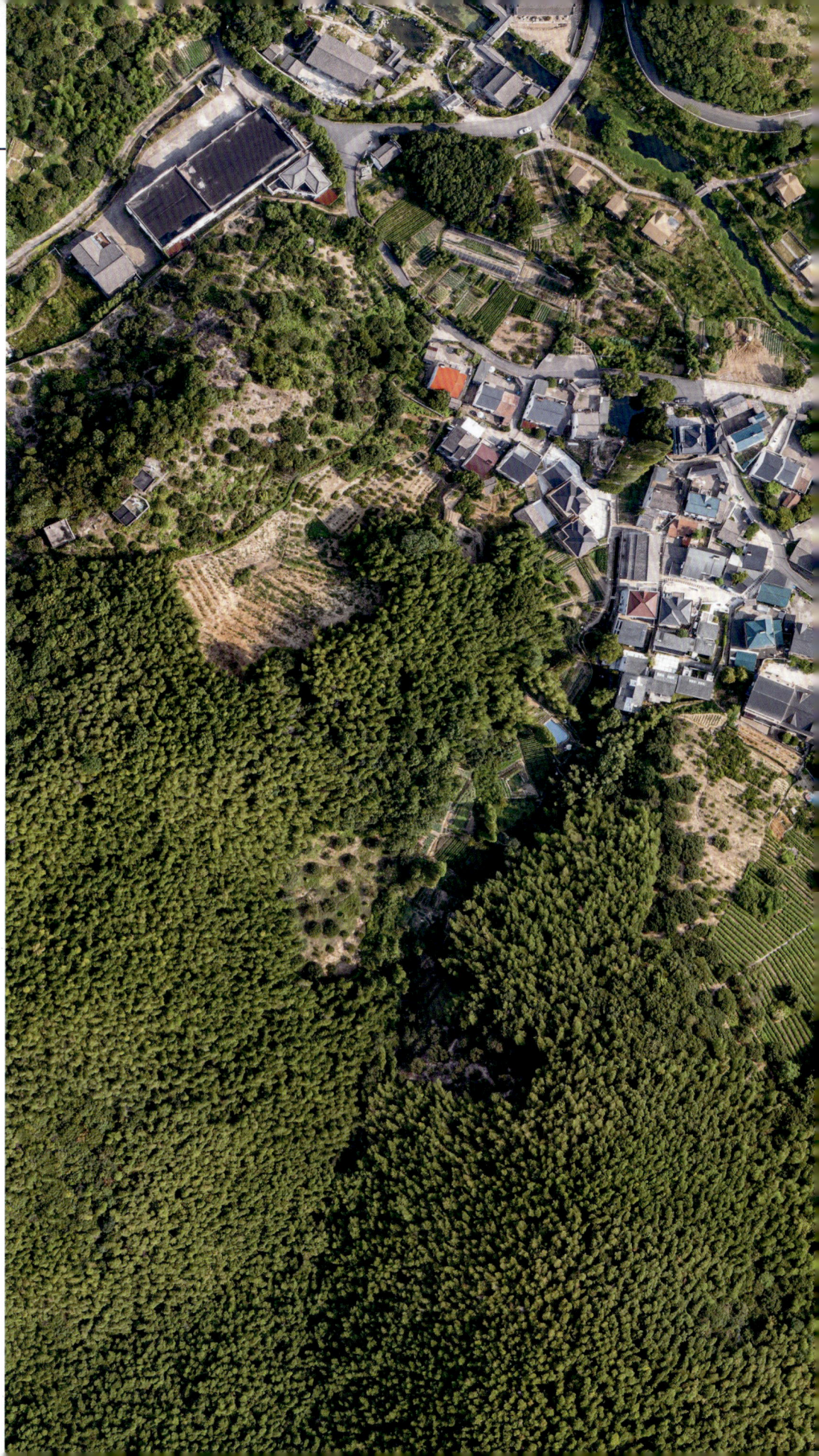

建筑
BUILDING

　　毛岙村是一个依山傍水的好地方，房屋随着山势走向参建而成，村子里的民居几乎都没院墙。近些年来，毛岙村大力发展乡村旅游业，民宿遍地开花，隐于这个村子的角角落落。

水系

RIVER SYSTEM

毛岙村三面环山一面傍水，生态资源十分丰富。毛岙村前的毛力水库，由于坝址位于慈城镇毛力村而得名。水库沿岸开辟了自行车赛道，沿线风光优美。

毛岙村村内水塘经过长时间的发展，形成了小型的生态系统，池塘内水生动植物种类丰富，具有较好的生态价值与观赏价值。

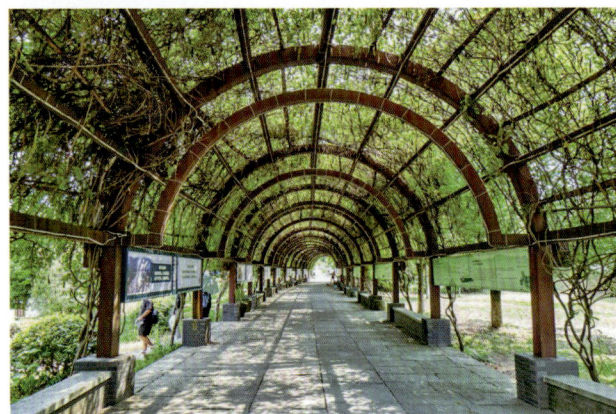

景观构筑物
LANDSCAPE STRUCTURES

　　毛岙村村内建设有多处景观宣传廊道，不仅是村民日常休憩活动的空间，也是村内宣传教育、文化展示的重要场所。

FARMLAND 农田

　　毛岙村拥有连绵的山脉，山坡上是大片的梯田，被称为云梯观景和梯田茶香，梯田里大多数种着蔬菜，满眼碧绿，十分美丽。红豆杉是毛岙村的特色产业，如今毛岙村建起面积达 500 亩的省级红豆杉基地，形成特色产业链，取得可观的经济效益。

节点改造设计
NODE RENOVATION DESIGN

对毛旃村村内富有特色的节点空间进行改造设计，美化特色建筑周边景观环境，将其打造成为村民游客游览休憩的特色空间。

广场
SQUARE

毛旃村有一个小广场和一个篮球场供村民日常活动，还有一个以《中华人民共和国民法典》为主题的公园——民法典主题公园。民法典主题公园互动性、趣味性很强，设置了民法典迷宫墙、法治谜语栏等，将民法典的元素融入公园中，并且潜移默化地影响参观的人们，起到普法的作用。

特色民宿

FEATURED HOMESTAY

　　毛氽村引进了居善地、莲心谷、大乐之野屋舍等多家全电民宿，多方面进行电气化改造，打造了一批以电为终端能源的高端民宿，助力乡村绿色低碳发展，形成乡村特色。

垃圾分类处理方法
WASTE CLASSIFICATION TREATMENT

垃圾分类回收资源站

  毛岙村的基础设施建设十分完善，将垃圾分类与智能化系统结合起来建设了垃圾分类回收资源站，村民可扫码注册账户，把可回收的垃圾投入垃圾箱，该系统会向账户返回一定的金额。

  毛岙村实行"垃圾分类十二分制"，当地村干部和保洁员两两为一组，每天对毛岙村村民的垃圾分类情况进行打分；毛岙村还设立垃圾分类积分兑换点，可以用积分兑换奖品，以此激发村民对垃圾分类的积极性。实行垃圾分类，不仅改变了毛岙村的村容村貌，也承载着建设美丽乡村的美好愿望。

污水处理方法
SEWAGE TREATMENT

  毛岙村污水处理设施完善，村内采用集中式处理模式，建设配套污水管网收集系统，将村民生活污水进行集中收集，统一建设污水处理治理设施进行治理。

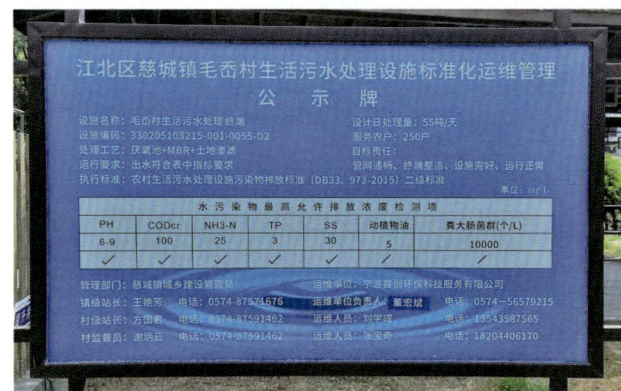

垃圾分类回收桶　　　　　智能电子屏　　　　　　　　　　　　　垃圾分类回收桶

户外智能分类垃圾屋设计

"四季常清"

河北省廊坊市安次区东沽港镇榆树园村

概述
OVERVIEW

2021 年中央一号文件《中共中央、国务院关于全面推进乡村振兴加快农业农村现代化的意见》要求把乡村建设摆在社会主义现代化建设的重要位置，全面推进乡村产业、人才、文化、生态、组织振兴。统筹农村改厕和污水、黑臭水体治理，因地制宜建设污水处理设施。健全农村生活垃圾收运处置体系，推进源头分类减量、资源化处理利用，建设一批有机废物综合处置利用设施。健全农村人居环境设施管护机制。

该项目位于河北省廊坊市榆树园村，在国家建设美丽乡村文件的推动下，中持水务股份有限公司已为该村增设了一个污水处理设施和现代厕所，为农村改厕和污水治理行动添砖加瓦。

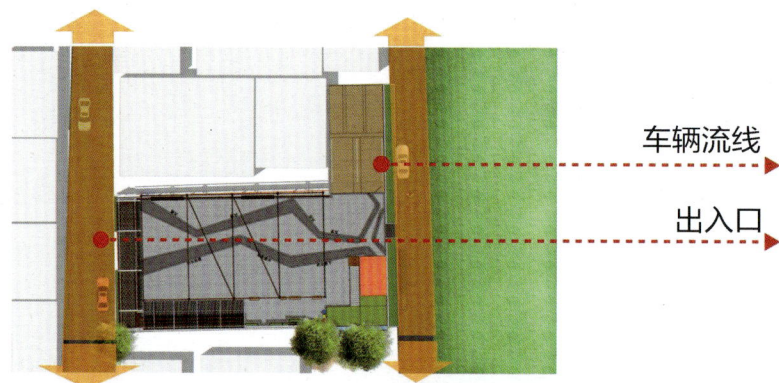

车辆流线

出入口

◀ 流线分析图

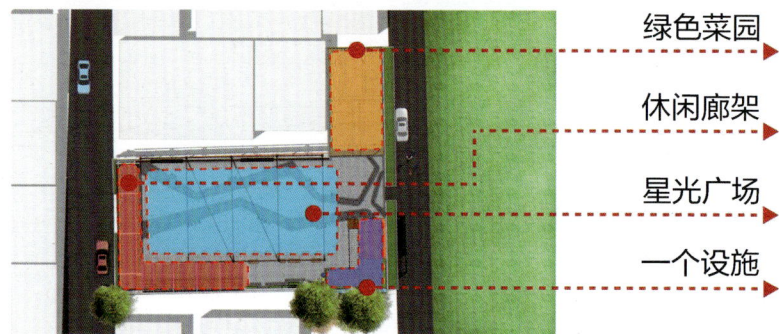

绿色菜园

休闲廊架

星光广场

一个设施

◀ 功能分析图

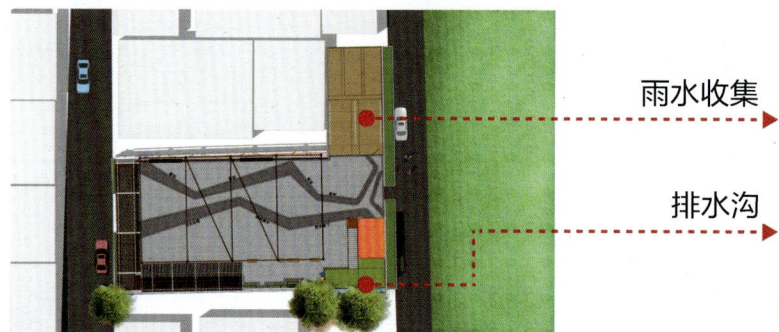

雨水收集

排水沟

设计主题：把水留下

▲ 改造前

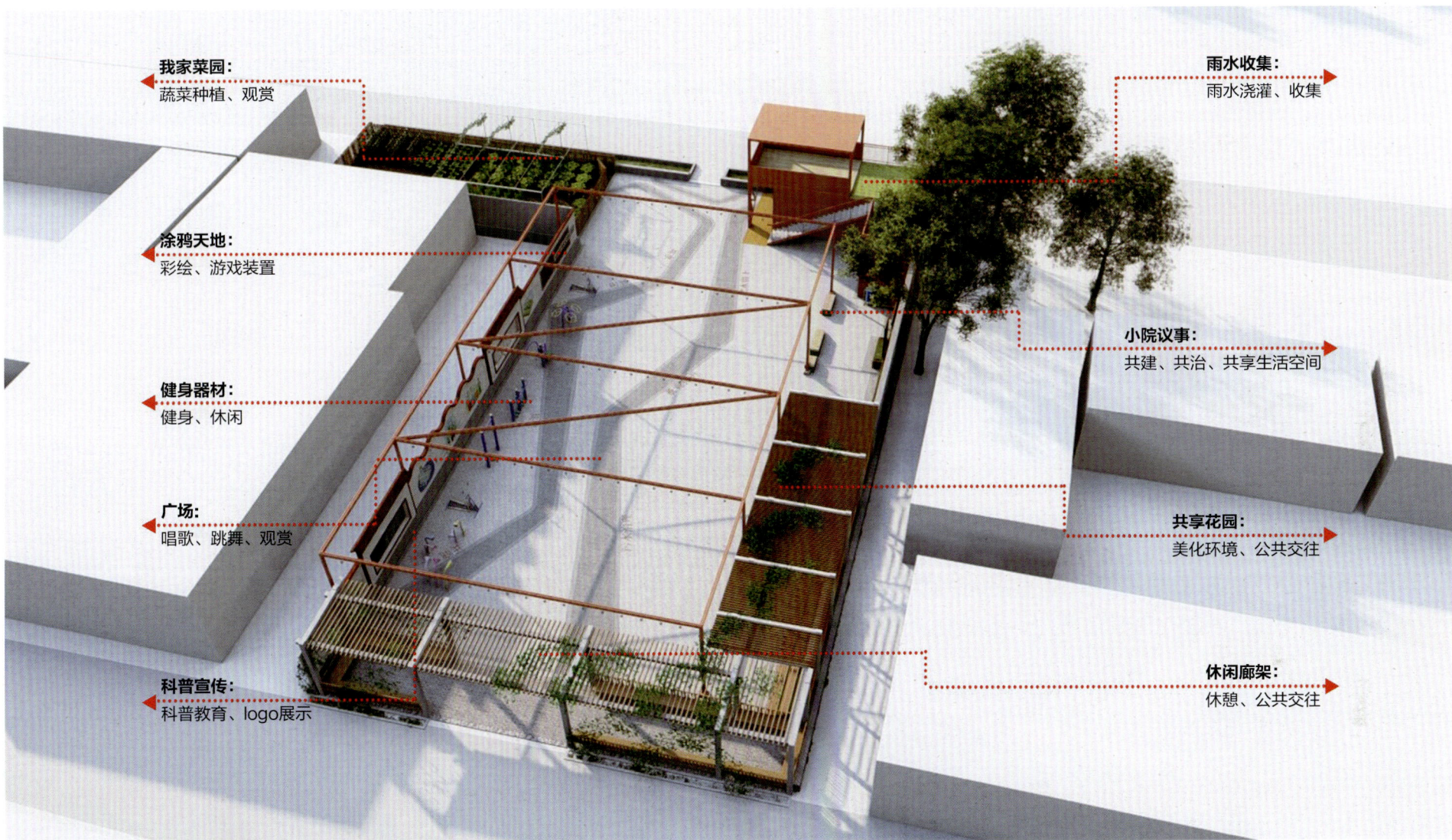

我家菜园：
蔬菜种植、观赏

涂鸦天地：
彩绘、游戏装置

健身器材：
健身、休闲

广场：
唱歌、跳舞、观赏

科普宣传：
科普教育、logo展示

雨水收集：
雨水浇灌、收集

小院议事：
共建、共治、共享生活空间

共享花园：
美化环境、公共交往

休闲廊架：
休憩、公共交往

▲ 改造后

广场
SQUARE

工字钢框架上排列灯光带，吸引村民夜晚到广场活动，为广场舞、唱戏等集体活动提供场所。

广场集装箱设计

CONTAINER DESIGN

　　重新定义集装箱外形，二层增加半封闭娱乐休闲空间，为村民提供瞭望、喝茶、棋牌等活动场地。一层为小型展厅、设备间、生态厕所及雨水收集装置。

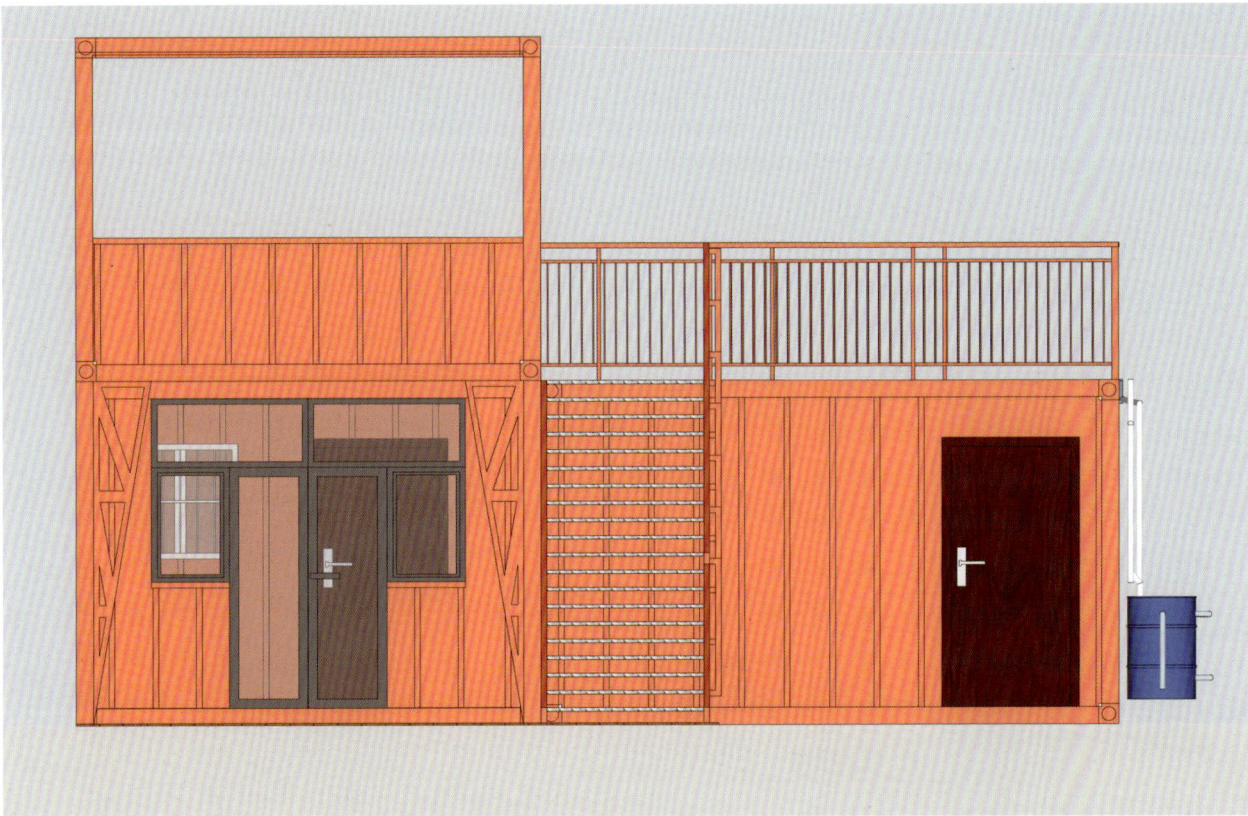

集装箱设计图

集装箱三视图

榆树园村村污水处理工程全貌

污水处理工程概况
OVERVIEW OF
SEWAGE TREATMENT ENGINEERING

　　廊坊市安次区农村集中式污水处理水量 580t/d，榆树园集中水站出水满足河北省地方标准《农村生活污水排放标准》（DB 13/2171—2020）三级标准。

污水处理流程介绍
SEWAGE TREATMENT

　　榆树园村内污水经泵站提升至污水站，污水先流至调节池，经调节池均质、均量后，提升至生化设备，生化设备采用生物接触氧化工艺，生化单元分为 A 池、O 池及沉淀区。A 池去除 TN、COD，并起到稳定活性污泥絮体的作用；O 池去除氨氮、COD，污水自流进入沉淀区进行泥水分离，通过化学方法对 TP、SS 进行处理，出水经消毒、计量后达标排放。

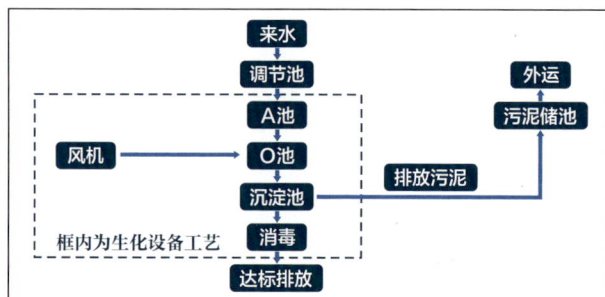

工艺流程图

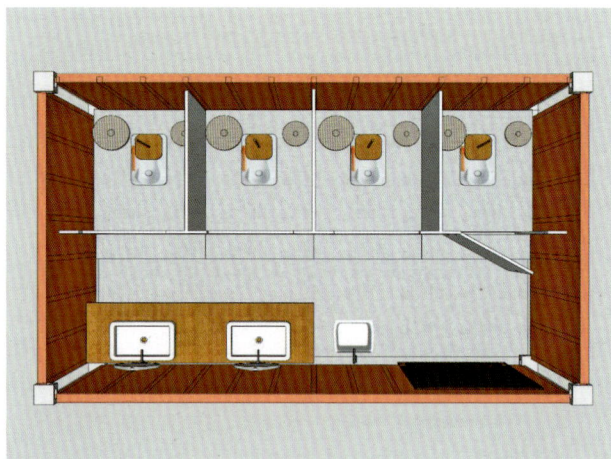

生态厕所设计

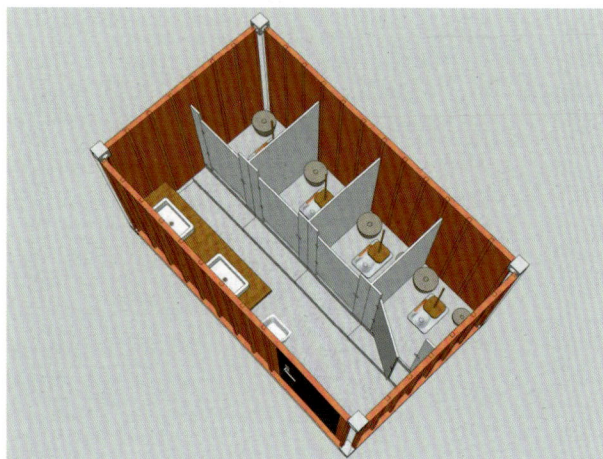

站内现状

STATION PRESENT SITUATION

"碧水微澜"

河北省廊坊市安次区杨税务镇东固城村

概述
OVERVIEW

　　为积极响应国家 2021 年中央一号文件《中共中央 国务院关于全面推进乡村振兴加快农业农村现代化的意见》，地方应做到统筹农村改厕和污水、黑臭水体治理，因地制宜建设污水处理设施。应健全农村人居环境设施管护机制，并深入推进村庄清洁和绿化行动。

　　中持水务股份有限公司对东固城村安次水厂的建设，迎合了国家所提倡的开展美丽宜居村庄和美丽庭院示范的创建活动，对乡村振兴政策在北方的实施有极强烈的推动作用，有望成为北方污水处理设施建设示范地。

现场地范围

原场地范围

N

一个广场
一个大棚
一个氧吧
一个水塘
一个设施

N

主要出入口

村镇共用道路

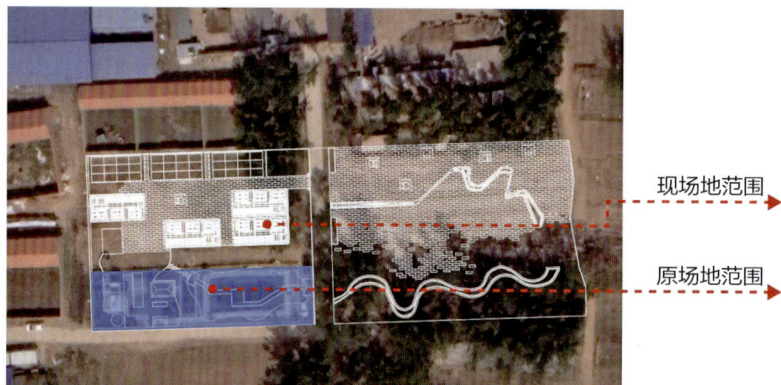

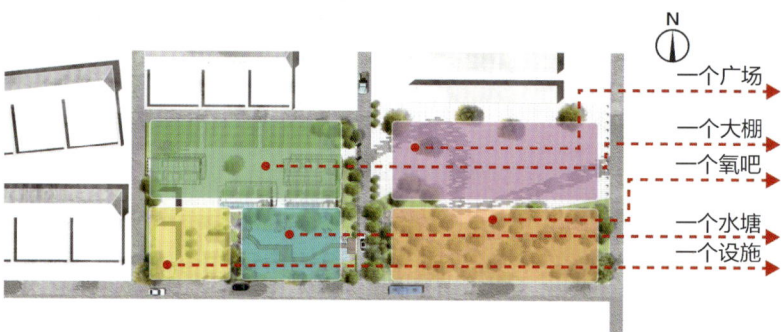

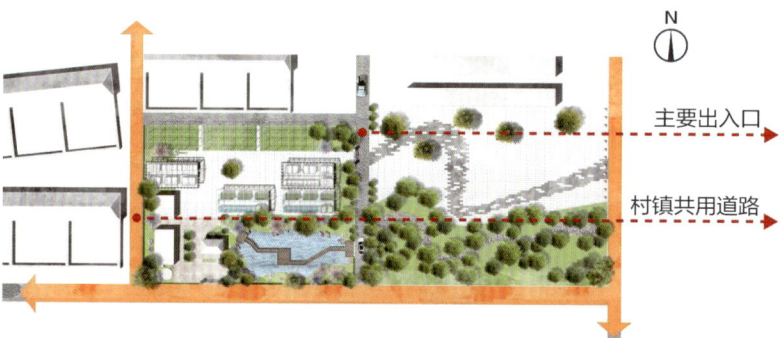

▲ 东固城村设计分析图

◀ 改造前

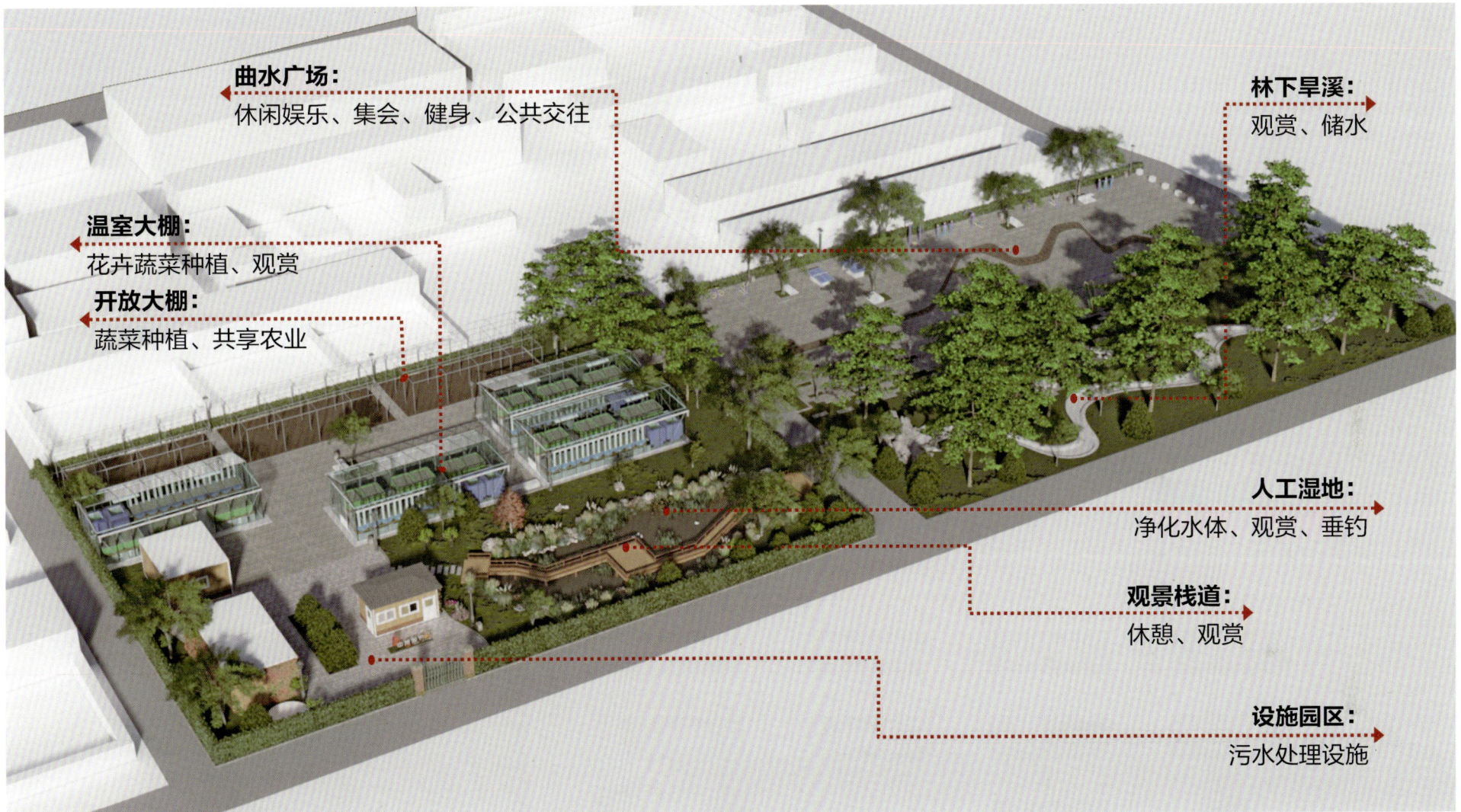

曲水广场：
休闲娱乐、集会、健身、公共交往

林下旱溪：
观赏、储水

温室大棚：
花卉蔬菜种植、观赏

开放大棚：
蔬菜种植、共享农业

人工湿地：
净化水体、观赏、垂钓

观景栈道：
休憩、观赏

设施园区：
污水处理设施

▲ 改造后

污水处理设施设计单位:"清华-中持"绿色基础设施研究中心

污水处理流程介绍
SEWAGE TREATMENT PROCESS

　　污水经管网进入厂区后,经粗格栅拦截水中较大悬浮物和漂浮物,由提篮格栅再次拦截水中细小悬浮物及漂浮物后进入集水池,集水池通过提升泵将水提升到调节池调节水质水量,再经污水提升泵到膜浓缩设备中,膜设备出水到清水池,然后用提升泵将水提到 BAF 设备中,设备出水进入湿地,再经过景观湿地最后出水排入水渠中。

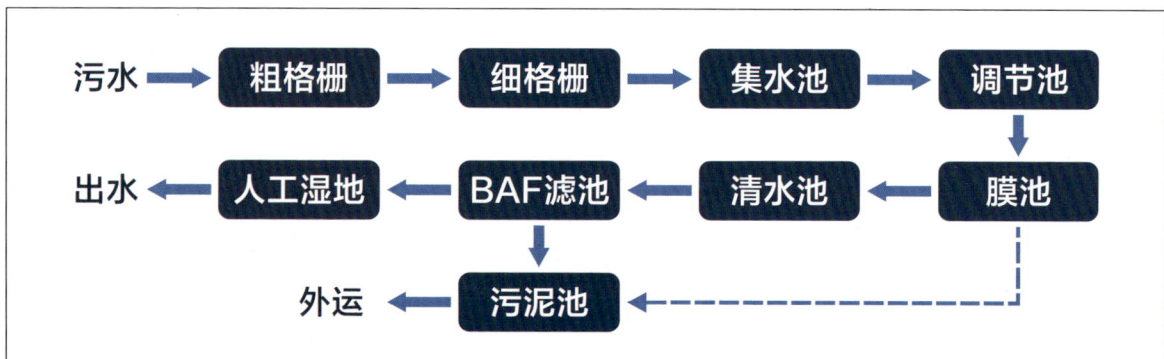

工艺流程图

污水处理工程概况
OVERVIEW OF
SEWAGE TREATMENT ENGINEERING

　　廊坊市安次区农村集中式污水处理水量 580t/d,榆树园集中水站出水满足河北省地方标准《农村生活污水排放标准》(DB 13/2171—2020)三级标准。

污水处理

污水处理工艺介绍
SEWAGE TREATMENT TECHNOLOGY

当前，污水处理中常规的生物脱氮方式严重制约了行业降碳提质目标的实现，而清华大学王凯军教授领衔的研究团队在廊坊安次农村污水处理站开展了膜分离与厌氧氨氧化技术组合工艺研究，实现COD 截留率达到 85% 以上，无需投加碳源 TN 去除率达到 80% 以上，即将取得重大应用突破，而公司的第二个除磷脱氮的神兵利器"降氮"工艺也呼之欲出。

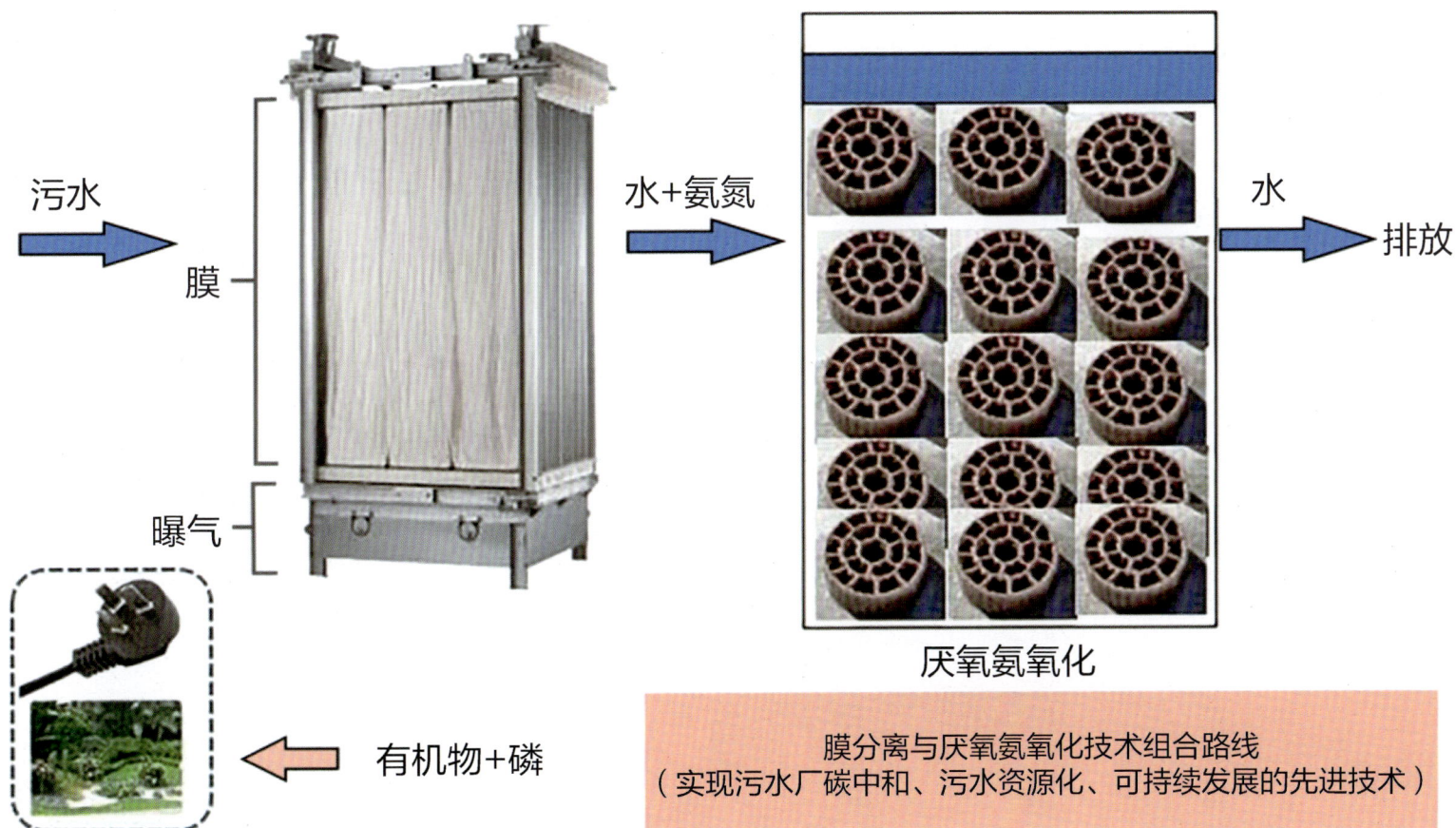

污水　→　膜　→　水+氨氮　→　厌氧氨氧化　→　水　→　排放

曝气

有机物+磷　←

膜分离与厌氧氨氧化技术组合路线
（实现污水厂碳中和、污水资源化、可持续发展的先进技术）

未来展望
FUTURE OUTLOOK

广场入口

污水处理设施

农业设施

场地剖面

"静泊蔚洋"

河北省雄安新区安新县桥东村

概述
OVERVIEW

河北省雄安新区安新县圈头乡桥东村地处"华北明珠"白洋淀的中心，是淀区39个纯水村之一，具有淀中村的典型特征。桥东村居民约600户，常住人口2500余人。日供水量600m³，大部分民房无完善的室内卫生设施，85%以上居民使用公厕。

该村人工湿地公园和广场由中交水运规划设计院有限公司和北京国环清华环境工程设计院有限公司设计，由河北大学负责建设；该村污水处理设施由中国科学院生态环境研究中心和河北大学负责设计及建设。

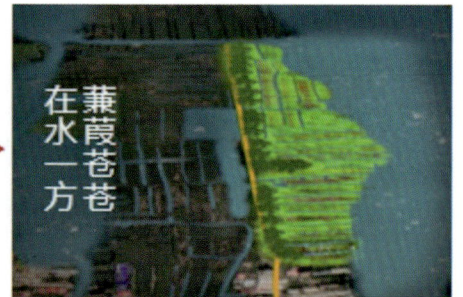

芦花自然湿地公园

芦花自然湿地公园

蒹葭苍苍 在水一方 | 芦花自然湿地

芦笙箫萧 舞动清扬 | 芦笙湿地公园

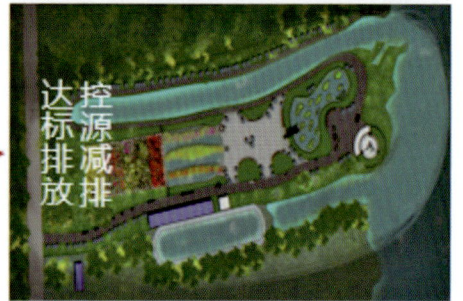

控源减排 达标排放 | 农村污水处理

本土水生植物种植基地

珍稀鸟类栖息地

湿地生态系统构建示范区

▲ 桥东村区位图

◀ 设计理念演化

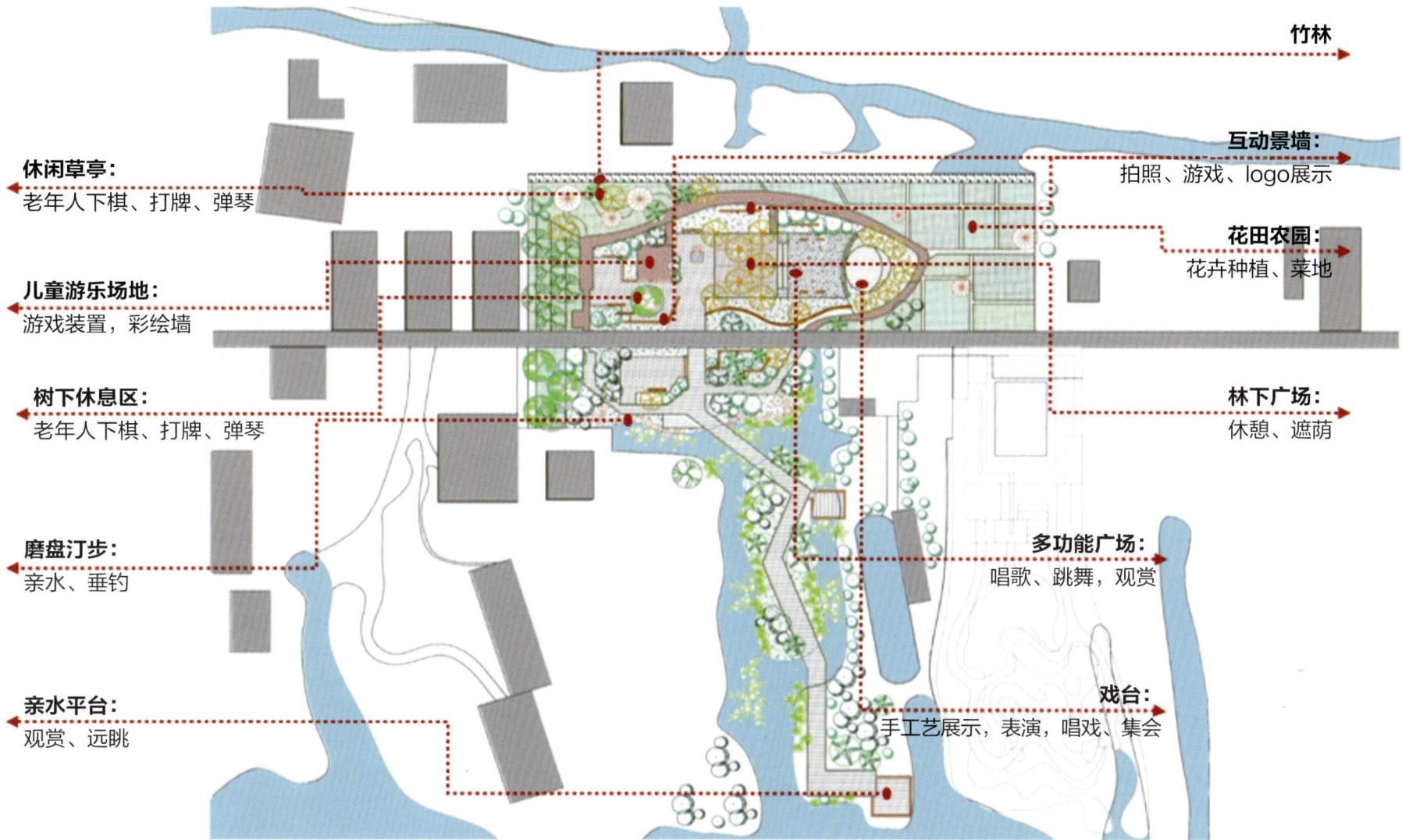

竹林

休闲草亭：
老年人下棋、打牌、弹琴

互动景墙：
拍照、游戏、logo展示

花田农园：
花卉种植、菜地

儿童游乐场地：
游戏装置，彩绘墙

树下休息区：
老年人下棋、打牌、弹琴

林下广场：
休憩、遮荫

磨盘汀步：
亲水、垂钓

多功能广场：
唱歌、跳舞，观赏

亲水平台：
观赏、远眺

戏台：
手工艺展示，表演，唱戏、集会

建筑
BUILDING

　　村中建筑主要材料为砖瓦，原生态味道十足。村里的主街道干净整洁，建筑具有文化特色。村内阡陌交通，鸡犬相闻，别有一番韵味。

水系
RIVER SYSTEM

桥东村位于白洋淀中心位置，四面环水，是白洋淀39个纯水村之一。在这里建设近自然生态湿地，对淀区水质净化和生态系统恢复有着重要的示范意义。

农田
FARMLAND

桥东村属丘陵地貌，土壤多为砂质，田块坡度较大，地块零散。村中大力发展农业，形成产业链，带动村民就业，活用土地，激发土地价值。

广场
SQUARE

　　国家级非物质文化遗产——圈头音乐会落户芦花湿地公园，实现了"芦花飞舞、芦笙潇潇、治污达标"，生动地展现了治污工程与乡村文化传承的完美结合！村中新建的文化广场给村民的日常活动提供聚集的平台，孩童在此嬉戏玩耍，整个场地从平面上看呈八卦阵形。

　　广场下有人工湿地近自然修复单元，采用钢渣/硫-磷铁矿复合填料构建人工湿地，多组模块交替运行，有效解决湿地易堵塞、冬季低温运行差等问题，实现低浓度污染物进一步削减，形成入淀生态屏障。

污水处理工程概况

OVERVIEW OF
SEWAGE TREATMENT ENGINEERING

桥东村居民约 600 户，大部分民房无完善的室内卫生设施，85% 以上居民使用公厕。

桥东村建有源分离公厕 1 座。源分离公厕高效节水、节能；粪污实现缩容减量；公厕在卫生性、便利性和舒适性上得到全面提升，超越 AA 级旅游公厕标准。

污水处理设施
SEWAGE TREATMENT FACILITIES

按照源头分离、分类处置、系统协调、整体优化的原则，集成公厕黑灰水源头分离、粪污和剩余污泥就地减量与资源化，污水超净处理，乡村生态综合体构建，形成淀中村生活污染综合治理解决方案。

扩大公厕面积，建筑体以白墙为主，增加层高，加强空气流通，提升其卫生性、便利性和舒适性，公厕与周围绿色景观巧妙融合，做到了与周边环境和谐统一。

污水处理工程全貌

近自然湿地生态净化单元

强化常规处理——尾水深度净化单元

栅格井

　　污水处理站收集桥东村全部及邻村部分生活污水，采用"公厕粪尿源头分离、污水超净处理"技术，出水达到地表准 I 类标准。污水处理系统于 2021 年 1 月建设完成，3 月调试成功并投入运行。

　　污水处理系统建设规模为 200m³/d，采用"常规处理强化脱氮除磷—尾水深度净化—人工湿地近自然进化"的生物 / 生态协同处理工艺。

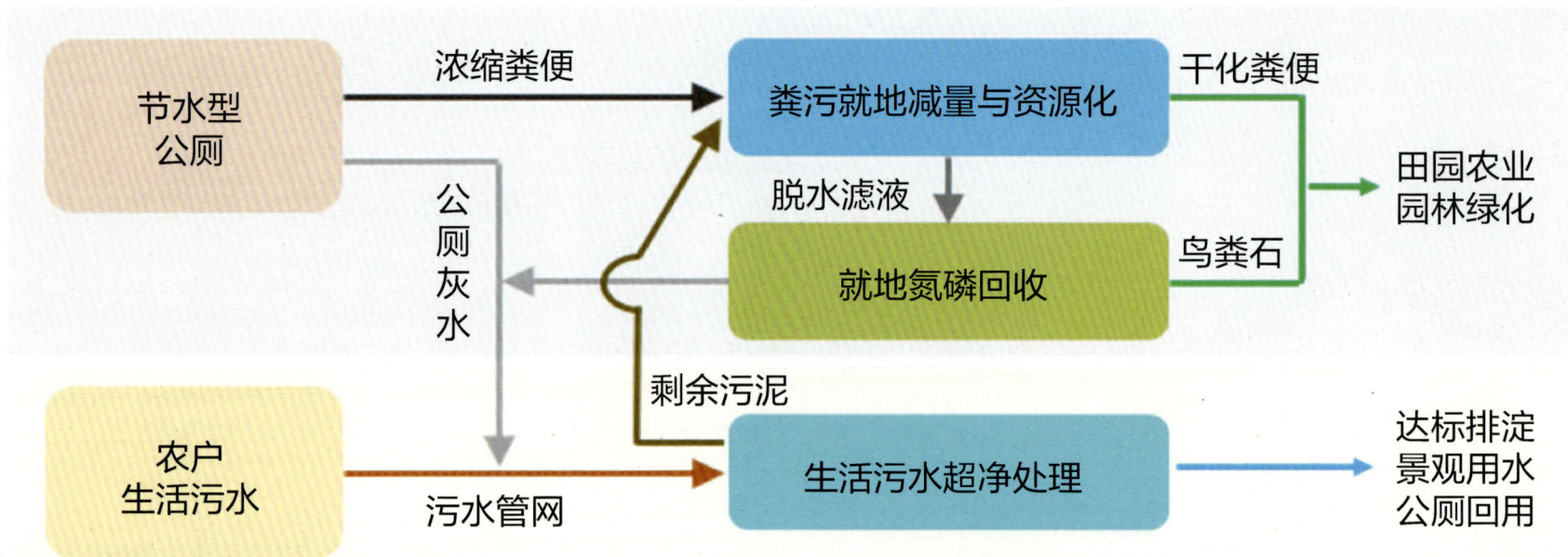

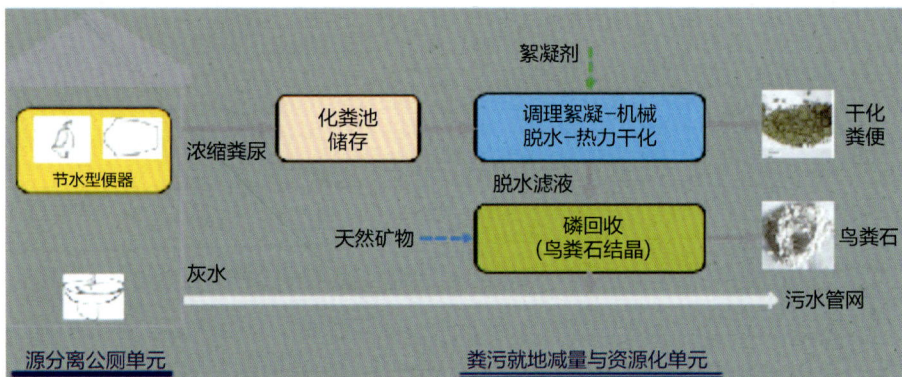

公厕粪尿源分离收集与资源化关键技术

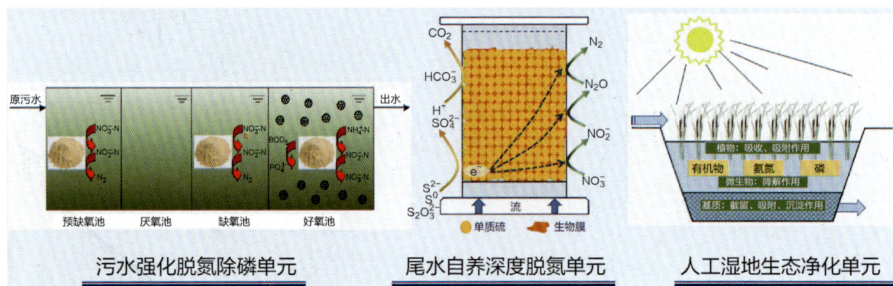

生活污水超净处理技术

乡村生态综合体—村淀共融

景观节点
LANDSCAPES

当地居民在有关部门的宣传引导下对湿地环境进行合理建设、生产作物，实现了人与自然和谐共生的美好愿景，在后续建设中对基础设施的完善则会起到锦上添花的作用。

"净息之韵"

浙江省杭州市临安区太湖源镇指南村

概述
OVERVIEW

指南村位于临安太湖源头的南苕溪之滨，海拔近 600m，是一座有着数千年历史的古村。距杭州市 80km，柏油马路已通至村口，交通便利。

荣誉：第一批国家森林乡村名单、浙江省善治示范村、第八批"全国民主法治示范村（社区）"、"全国生态文化村先进建设典型"、中国生态文化协会公布的 2020 年全国生态文化村名单、"第二批全国乡村治理示范村"、浙江省 3A 级景区村庄名单。

建筑
BUILDING

指南村历史久远，村内还保留着五六幢明、清时期的古民居及挖掘出来的古石器和古铁币。粉墙黛瓦的古民居高高的马头墙、镂空的木窗棂以及精心雕刻过的梁柱，无不显示出徽派建筑风格的古风古韵。

水系
RIVER SYSTEM

指南村"天池"，位于村中心的古塘。历史上其实曾有四个古塘，后来合并成一个，占地15亩，约10000m²，有些像安徽省宏村的方塘。"天池"西面是一片枫树林和散落的民居，全村200多户人家主要分布在它的西南面。

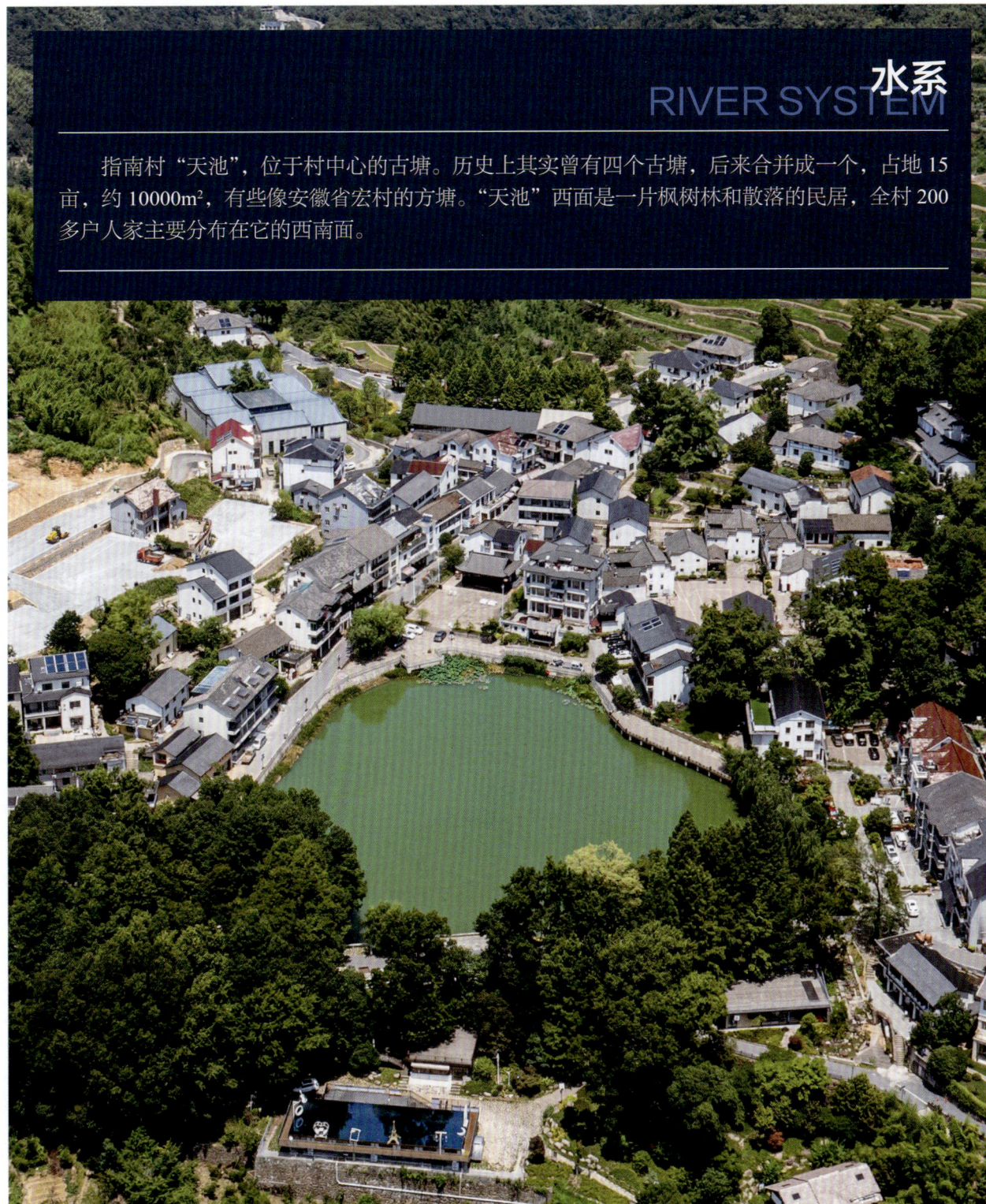

农田
FARMLAND

　　指南村地处杭州西部山区，森林覆盖率达93% 以上。村落左右两侧分布着 470 余亩梯田，云层叠翠，蔚为壮观，常见农作物种植为水稻。金灿灿的稻谷不仅可以为指南村当地村民提供经济来源，而且给这山川增添了一份别样的景致。

广场

SQUARE

指南村是一个有数千年历史绵延的古村落，古老的印记处处遗存。村中七古广场位于天池旁，"七古"指的是古姓、古塘、古树、古祠、古庙、古宅和古墓，这是指南村的特色之一。

设计改造保留古祠堂、古钱币式铺装，并将徽派建筑风格的古风古韵融入设计中，体现了现代美丽乡村的文脉传承型设计思想，延续了村庄深厚的文化底蕴。设计旨在营造古村落的氛围，力求将形式美融入文化需求，为居民创造了自然优美、多元丰富、舒适的广场休憩空间，并满足健身、交流、娱乐的功能需求。

污水处理工程概况

OVERVIEW OF
SEWAGE TREATMENT ENGINEERING

　　农村污水治理通过喷灌利用实现水循环，通过有机质资源化、碳汇林实现碳循环，并以水循环、碳循环为基础，通过林下经济等实现产业循环，最终实现生态化微循环模式。通过全面融入"生态、生产、生活"，努力打造生态化微循环模式。

　　在指南村有机质资源化站点，将化粪池残渣、餐厨垃圾、有机废物就地实现资源化。其核心是高效复合菌剂在高温下工作，完成固体废物的发酵腐熟化处理，最终制成微生物土壤调理剂。固体废物不用外运处理，减少碳排放。

污水处理设施

SEWAGE TREATMENT FACILITIES

灌溉是农村污水最重要的发展方向。指南村探索将前段水（含有 N、P 等营养物质）经沉淀消毒处理后用于灌溉。经过处理后前段水达到《农田灌溉水质标准》。喷灌面积是 30 亩，一方面解决了村落景区夏季水量大的问题，从而减轻了系统负荷，降低处理成本的同时保障系统达标率；另一方面也为中草药等农作物提供了有机养分，减少了肥料的使用。

景观节点
LANDSCAPES

　　村中打造了多处景观节点，注重意境的营造，多处可见趣味小品、生态水塘以及休闲平台，为游客提供了良好的休憩空间和观赏点。同时对建筑材质的灵活运用展现出了浓厚的乡村色彩和文化底蕴。

乡村建设

RURAL CONSTRUCTION

指南村依靠得天独厚的地理优势，带动乡村产业发展，在乡村振兴的建设中通过发展观光旅游业、休闲旅游业来激活乡村资源的潜力，产业与生态相辅相成，共同促进乡村的可持续发展。

"古韵流香"

湖北省恩施州宣恩县椒园镇庆阳坝村

概述
OVERVIEW

庆阳坝村位于宣恩县椒园镇西北部，与恩施芭蕉乡接壤，面积 10.5km²，是源自土黄坪村的溪流冲积而成的小平原，坝形为椭圆，状如盆地，群山环抱。下辖 15 个村民小组，689 户 2223 人 80% 以上为土家族、苗族等少数民族。

荣誉：中国历史文化名村、中国少数民族特色村寨、中国传统村落、国家森林乡村。

建筑
BUILDING

　　庆阳坝村中有一条老街，是清朝、民国时期湘、鄂、川、黔四省的边贸中心。老街依山顺水而建，是典型的木质结构凉亭式古街道。老街两旁保存着约65栋穿斗式结构的老屋，2至3层不等，形成"三街十二巷"，临街为"燕子楼"，背水为吊脚楼和侗族凉亭构架于一体，是恩施少数民族建筑的特色。

水系

RIVER SYSTEM

　　溪流贯穿庆阳坝村全村，村子依河而建。正值枯水期的河道，能看见河底碎石，几座石桥为河两岸居民提供便利通行。村子已经全面消除了"垃圾河""五乱河""污水河"，在此基础上可以对河道进行改造，增加栈道、绿化等。

　　针对河道改造，将河道两边改造为廊桥，保留村庄原有特色的凉亭街建筑形式，效仿乌镇河道的做法，发展乡村旅游业，并且建筑配合商业、民俗、特色旅游，振兴当地经济发展。夜幕降临时，河道两边的各种灯饰亮起来，将其打扮得温暖而辉煌。

农田
FARMLAND

　　青山秀水，田坝风光美，四面山环茶叶翠，景色宜人。农田种植在村前平坦地带，多为茶叶种植区。村中大力发展生态茶业，实施茶园改造，其中的红茶久负盛名。

广场
SQUARE

　　凉亭街前是村民的日常活动广场，广场包括一处乡村戏台、村庄文化宣传栏和党政宣传栏。凉亭街建于清朝康熙年间，是省级文物保护单位，建筑得到了较好的修缮和保护。

污水处理工程概况
OVERVIEW OF
SEWAGE TREATMENT ENGINEERING

庆阳坝村污水处理工程总投资约 30 万元。工程规模日处理生活污水 50t。

应用人工生态湿地污水处理系统专利技术，大大提高了水力负荷和处理效率，减少了占地面积。系统地解决了污水处理效率低下、效果不好的技术难题，可使普通人工湿地污水处理的效率提高 30%～50%。

污水处理设施
SEWAGE TREATMENT FACILITIES

2015 年兴建了宣恩县椒园镇庆阳坝村污水处理工程，人工生态湿地污水处理系统专利技术，使处理后的水体可达到《城镇污水处理厂污染物排放标准》一级 B 标准。

庆阳凉亭街

景观节点
LANDSCAPES

庆阳坝的凉亭街是古建筑的集中分布区，大量的榫卯结构修建成的木质房屋与石桥、溪流形成了优美的自然画卷。在乡村广场还组建了党建文化活动中心，将民族特色文化融入党建发展，为村落增添一些文娱活动。

"世外桃源"

湖北省恩施州恩施市龙凤镇青堡村

概述
OVERVIEW

　　青堡村地处恩施州恩施市龙凤镇，获第二批"中国少数民族特色村寨"荣誉，与重庆市奉节县龙桥乡山水相连，素有高山"小平原"之称，离恩施城区45km。平均海拔1100m左右，全村辖9个村民小组，826户，属于市重点贫困村。

农田
FARMLAND

青堡村有耕地总面积 275.73 亩，主要种植甘蔗等作物；拥有林地 203 亩，主要种植芒果等经济林果；利用农业大棚培育蔬菜、苗木、花卉种植平台。

上图为农业大棚景观示意图，对原有的大棚进行整合，在经济创收的同时，利用农业景观资源，发展乡村旅游，共同建设美丽乡村。

水系

RIVER SYSTEM

　　青堡村平均海拔在 1000m 以上，降水的季节性变化非常大。地下溶洞遍布，缺少地上河流，水库储水功能有限。在村民共同努力下，2022 年 9 月 10 日，大茶园片区 1000m³ 的蓄水池建成，蓄水池有效解决了当地用水难题。

广场
SQUARE

　　青堡村村委会前是一个修好的活动广场，占地300多平方米，村民经常在广场上进行"打莲响"等文娱活动。广场对面是刚刚修建好的村卫生室。

污水处理工程概况

OVERVIEW OF
SEWAGE TREATMENT ENGINEERING

　　青堡村中坝居民点污水处理站工程建设内容包括污水收集管网、检查井、管线布置、厌氧调节池、沉淀池、人工湿地、消毒池、展示池、电气安装等。污水处理站用来处理村民生活污水，为村落良好的生态环境做出了贡献。

潜流湿地

污水处理站工程全貌

污水处理工程改造意向

INTENTION TO
RENOVATE SEWAGE TREATMENT ENGINEERING

　　新龙河人工湿地项目由中持水务股份有限公司建设投资并负责项目具体实施，该项目位于廊坊市安次区龙河下游段，东张务防洪闸至龙河出境断面处，处理规模 $3\times10^4m^3/d$，工程采用"预处理＋人工湿地（潜流湿地＋表流湿地）"的净化工艺，确保了龙河水环境健康、可持续发展，促进了人与自然和谐相处、经济社会协调发展。青堡村污水处理项目改造参考新龙河湿地污水处理工程，可以更好地提升当地生态环境。

改造意向——新龙河湿地潜流湿地

景观节点
LANDSCAPES

　　青堡村白墙灰瓦的统一建筑风格，充分融入自然，展现出清远含蓄的区域特色，多种种植方式以及随季节转变的植物绘制出风格多变的田园风光，将自然景观与建筑进一步结合能够再次实现生活品质的提升。

青堡村露天种植园

建筑区景观改造示意图（手绘）

引言

对于乡村的自然环境而言，生活垃圾处理始终是一大难题，习近平总书记多次指出，实行垃圾分类，关系广大人民群众生活环境，关系节约使用资源，也是社会文明水平的一个重要体现。城市垃圾分类治理实践工作已开展得如火如荼。相比之下，农村地区的环境基础设施建设滞后于城市地区，在垃圾回收与处理方面依然采用填埋、焚烧等传统处理方式，垃圾污染作为当下农村三大污染攻坚对象之一，制约着美丽乡村建设和乡村振兴战略实施。

近年来，乡村生态振兴理念赋予了农村垃圾分类治理工作新的发展出路。从根本上说，农村垃圾分类治理应是生态化的、可持续的。结合中国乡村环境治理发展趋势，党的十九大报告明确指出"产业兴旺、生态宜居、乡风文明、治理有效、生活富裕"的乡村振兴战略。全国范围内各省市对于农村垃圾分类治理实践工作积极响应，以资源化、经济化、无害化为目标，克服农村垃圾分类治理的先天弱势，因地制宜，结合乡村资源探索新的发展模式与管理窗口。农村垃圾分类治理实践作为农村污染攻坚的重要抓手，也就成为我国乡村建设发展到一定阶段的必然选择之一。

乡村环境的综合治理、村民的环境友好诉求、乡村基础设施的升级与技术进步等因素均推动着农村垃圾分类治理实践工作的进程。垃圾分类与资源化利用是我国迈向现代化的重要标志，也是实现农村生活垃圾长效持续治理的关键。

CHAPTER ④

绿色之脉
——垃圾处理赋能乡村绿色发展

GREEN VEIN — GARBAGE DISPOSAL ENABLES GREEN DEVELOPMENT IN RURAL AREAS

引言
"棉田银波" —— 浙江省杭州市富阳区东洲街道黄公望村
"精益求净" —— 浙江省湖州市吴兴区织里镇上林村
"点绿成金" —— 浙江省德清县五四村垃圾资源化利用站
"地尽其利" —— 北京市密云区高岭镇农村环境生态综合体示范基地
"回归三园" —— 浙江省杭州市淳安县大墅镇有机垃圾资源化处理站
"山水治田" —— 浙江省台州市仙居县大战乡资源化处理站
"文旦复香" —— 浙江省玉环市清港镇生活垃圾资源化处理站

"棉田银波"

浙江省杭州市富阳区东洲街道黄公望村

概述
OVERVIEW

　　浙江省杭州市富阳区东洲街道黄公望村是 2007 年 12 月新成立的，由原华墅、白鹤、株林坞、横山 4 个村合并而成，位于富阳区城东 7km 处，东接杭州，南傍富春江，西毗国际高尔夫球场，北靠黄公望森林公园，市一级公路江滨东大道贯穿村南，地理位置十分优越，是富阳最宝贵、最核心的资源所在。

　　荣誉：2020 年中国美丽休闲乡村、浙江省 2019 年度"省级民主法治村（社区）"、2018 年度浙江省美丽乡村特色精品村、2017 年浙江省 3A 级景区村庄、第五届全国文明村镇、2012—2013 年度国家级生态乡镇。

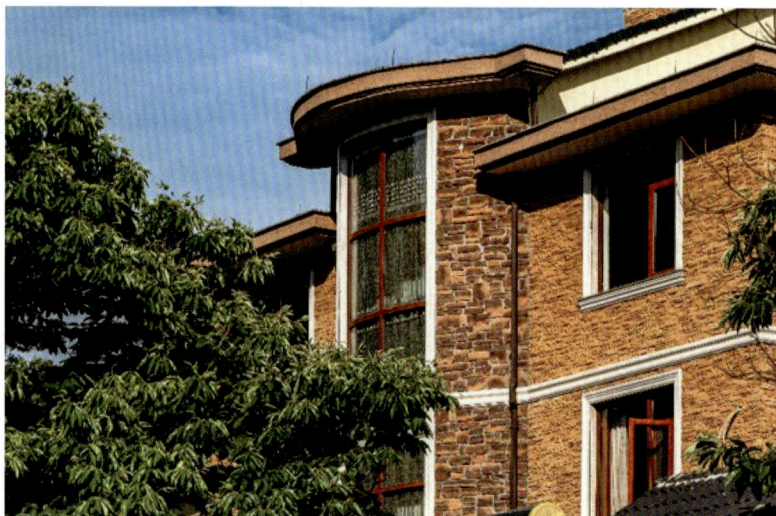

建筑
BUILDING

黄公望村坐落在两旁的建筑中，不仅有民宿，也有居民自家的房屋，每一栋都颜值颇高，每个院落都各有特点。保留烟火气息也是其建筑特色。"拆围墙"行动让每家每户都改造了开放式庭院，美丽环境大家共享，既有瓜果满园，又有茶香四溢。

水系
RIVER SYSTEM

　　黄公望村位于富春江边，村中有一小溪，由村里原本的一条沟渠改造而成，自山中引入山泉水。泉水顺河道而下，在方便村里老人取水的同时还形成了小桥流水、一户一景的独特风貌。溪水十分清澈，吸引村民在此洗衣。溪声潺潺，鸟语花香，环境十分优美。

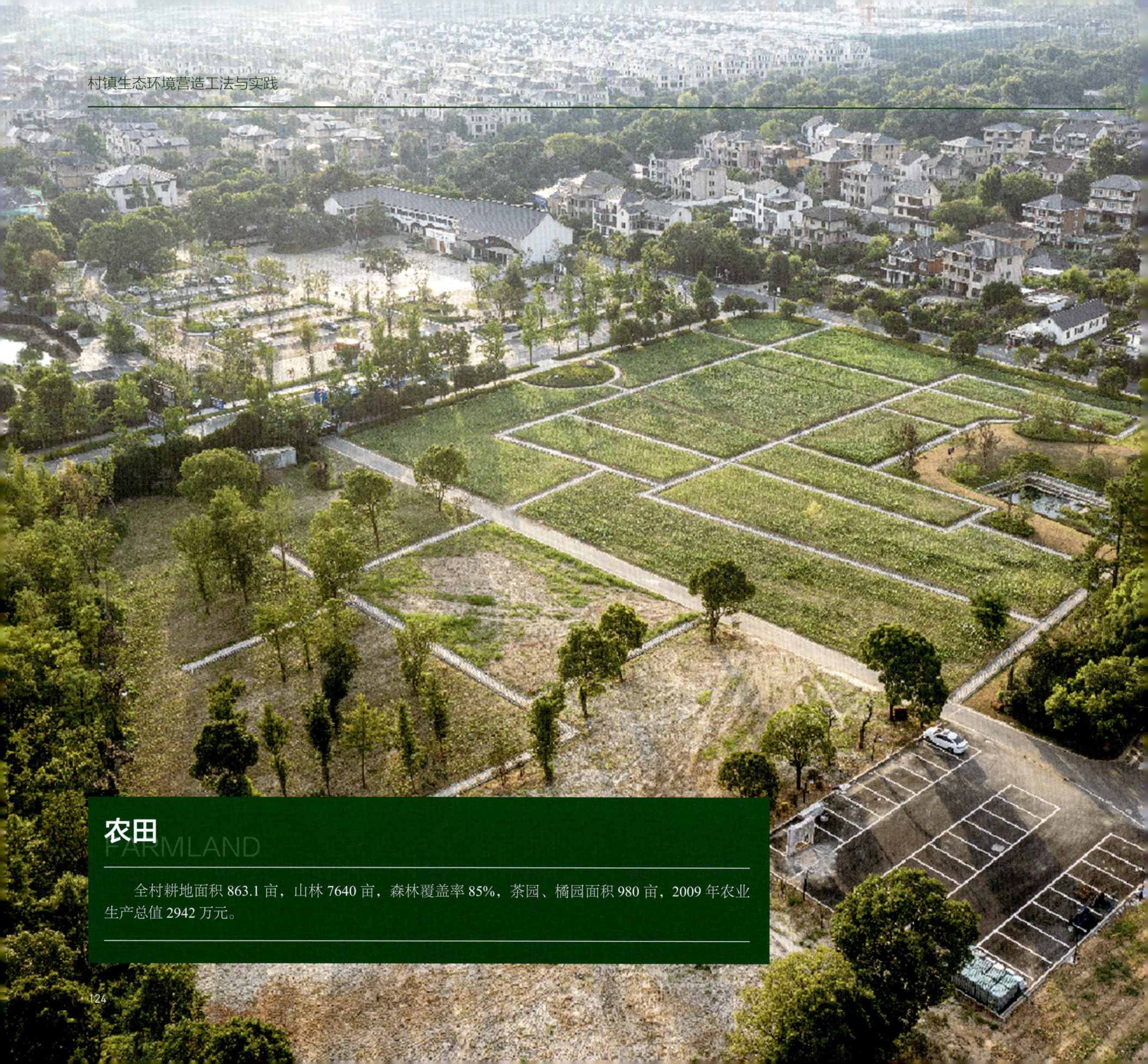

农田
FARMLAND

　　全村耕地面积 863.1 亩，山林 7640 亩，森林覆盖率 85%，茶园、橘园面积 980 亩，2009 年农业生产总值 2942 万元。

广场
SQUARE

　　黄公望村有两处广场，可供居民休闲娱乐；其中一处为戏台，另一处为游客集散中心广场，有党群服务中心、民法典主题馆以及黄公望金融小镇客厅。

基础设施
INFRASTRUCTURE

　　农村"厕所革命"作为关系群众生活品质改善的民心工程、整治提升农村人居环境的重要内容，注重实用兼具美观，建好"小厕所"，惠及"大民生"。厕所革命让方便之地变成"景"！

景观构筑物

LANDSCAPE STRUCTURE

黄公望村景观设计独具特色，村内设置有多处风格不同的景观廊架，为村内居民提供休闲娱乐的场所同时兼具文化宣传等功能。村内景观小品设计丰富多变，醒目的文化标语成为村内独特的形象 IP。

垃圾分类工程概况
OVERVIEW OF
WASTE CLASSIFICATION ENGINEERING

黄公望村全村垃圾分类处理已全覆盖。根据浙江省"千村示范万村整治"工作协调小组办公室发布的通知，黄公望村被认定为 2018 年度浙江省高标准农村生活垃圾分类示范村之一。

未来乡村

FUTURE COUNTRYSIDE

黄公望村通过"一心、三线、多点"的结构布局，重点打造黄公望·综合服务中心，建设白鹤街·庙山茶径游园、庙山坞·国际艺术街区、公望路·飨食游宴街区三条特色线路，串联春江畔·印象公望门户、公望里·乡村文化市集等九大场景，形成公望文化、文旅、文创特色品牌引领，集富春山居度假村、奥莱商圈、高尔夫球场、康养基地等于一体的未来乡村示范、数字赋能乡村振兴、现代版富春山居美丽乡村样板地。

"精益求净"

浙江省湖州市吴兴区织里镇上林村

概述
OVERVIEW

上林村位于浙江省湖州市织里镇东北隅，三曙线贯穿全村。现有自然村 20 个，村民小组 30 个，总户数 667 户，总人口 2704 人，行政村区域面积 4.5km²，其中耕地面积 3802 亩（含水田 2864 亩），园地面积 859 亩。

荣誉：国家森林乡村、省级卫生村、省级文明村、市美丽乡村精品村、市级垃圾分类标杆村。

建筑
BUILDING

　　上林村依河畔而建，聚族而居，坐北朝南，注重内采光；以木梁承重，以砖、石、土砌护墙；以堂屋为中心，以雕梁画栋和装饰屋顶、檐口见长。采用瓦片垒成屋顶。以砖搭建房身。傍水而居，具有江南特色。

水系

RIVER SYSTEM

上林村东侧紧临申苏浙皖高速公路，并与南浔镇隔东上邻村相望，西与中心村轧村相邻，北临著名的四大淡水湖之一太湖。村里 11.5km 的河道都建了生态护岸，河道也进行了清理。近年来，当地水环境质量显著提升，河漾水质常年保持在Ⅲ类以上。

农田
FARMLAND

　　全村耕地面积 3802 亩。上林村农业和工业经济发展良好，2007 年全村生产总产值 4936 万元，2007 年农民人均收入为 10448 元。2018 年，村里土地复垦 70 余亩，为村集体带来了近 3000 万元收入。

广场

SQUARE

全村老百姓和党员共同践行"两山"理念，携手共建绿色村庄，充分挖掘上林村深厚的自然生态与人文底蕴，村庄南部和北部分别新建了生态公园。

对上林村广场进行改造，保持凉亭，在前面增加喷泉装置，并且结合植物花卉进行景观营造，提升广场整体景观。

河流
RIVER

上林村水资源丰富，村庄依水而居，两岸形成驳岸，是村民日常生活的重要场所。原来两岸设计较为单一，现进行改造，在两岸种植多种植物美化两岸环境，提高村民在此休憩的意愿与舒适度。

基础设施

INFRASTRUCTURE

　　村内水处理设施较为完善，由专业水利部门修建与管理。同时村内道路修建较完好，交通便利。

垃圾分类工程概况

OVERVIEW OF
WASTE CLASSIFICATION ENGINEERING

上林村在乡村建设中，以基层党建推动与人居环境提升的融合为主体方向，积极探索美丽乡村建设新模式。

未来乡村

FUTURE COUNTRYSIDE

近年来，上林村围绕美丽乡村建设整体规划布局，以"村即是景，景即是村"为目标，推进美丽乡村精品村创建，全面提升农村人居环境和居民生活品质。

"点绿成金"

浙江省德清县五四村垃圾资源化利用站

概述
OVERVIEW

　　五四村位于国家级风景名胜区莫干山山麓，村域内地势西高东低，西部以低山为主，东部主要为缓坡平地。五四村山清水秀，自然环境非常优美，是以农业生产为主的生态之村。

　　五四村垃圾资源化利用站由德清县城乡环卫发展公司建设投资，由北京中源创能工程技术有限公司负责项目具体实施。

　　荣誉：全国文明村、全国美丽人居示范村、全国绿色小康村、国家森林乡村。

建筑
BUILDING

　　五四村建筑群落较新，居住类型的建筑大多都已经经过改造，显得十分整齐划一。其中，乡村青年创客空间、体验空间、艺术家基地等的建筑外观都极具设计感，更有文艺雅致的度假酒店坐落于此。

水系

RIVER SYSTEM

　　五四村沿数条河流分支汇聚而成的河道而建，并且在村中有众多小型水池，用于农业灌溉。

农田
FARMLAND

　　五四村属于丘陵地带，全村占地 5.61km²，拥有山林地 7600 多亩和 2000 余亩耕地。五四村引进生态农业项目，把稻田改造成了成行的茂密果树以及大片由大棚栽种的花卉基地。

公园
PARK

　　五四村党建公园，党建展示栏、亚非广场、文化舞台分布错落有致，红色党建标识和绿色场景相映成趣，党建氛围浓厚。

湿地景观
WETLAND LANDSCAPE

　　五四村依河流而建，水资源丰富，村内有多处小型湿地、水塘，主要供村内居民进行农业灌溉。同时湿地生态环境良好，水生动植物种类丰富，水质优良，作为村内的自然景观节点供村民及游客游览观赏。

广场景观改造

SQUARE LANDSCAPE RENOVATION

对现有广场进行改造，重新规划公园广场的流线和功能分区，完善广场基础设施，美化广场景观，为广场增添景观小品、景观构筑物廊架。廊架的设计采用木质材料，造型简约，功能实用，能很好地满足居民休憩的需求，同时乡土化的设计很好地融入乡村，美化乡村环境。

垃圾资源化利用站

GARBAGE RECYCLING UTILIZATION STATION

　　五四村作为农村垃圾减量化资源化处理试点之一，经过三年发展，已经形成了村民自觉分类，保洁员统一收集，垃圾资源化利用变优质有机肥，再供村民免费使用的绿色循环模式。

垃圾资源化处理

GARBAGE RECYCLING TREATMENT

　　五四村建立垃圾资源化利用站，通过推动垃圾资源化利用，对可堆肥垃圾进行微生物发酵处理，实现变废为宝。垃圾减量不仅降低了垃圾的处理成本，避免了垃圾二次污染，还实现了垃圾资源的循环利用，一举多得。

垃圾分类工程概况
OVERVIEW OF
WASTE CLASSIFICATION ENGINEERING

　　五四村全村垃圾分类处理已全覆盖。有机垃圾资源化处理中心是垃圾处理的主战场，它面向主城区及周边农贸市场、居民垃圾分类产生的果蔬垃圾和厨余垃圾展开集中运输处理。

垃圾分类方法
WASTE CLASSIFICATION TREATMENT

　　五四村结合"美丽约定"对村民进行垃圾分类宣传，推进垃圾干湿分类，鼓励村民自觉参与"福田卡"积分及"厨余化春泥"活动，不断提高村民垃圾分类理念。

　　开展"厨余化春泥"乡村培力项目，每天早上村内的垃圾收集员都会将收集来的10桶左右湿垃圾运到生机服务站，运用微生物技术将其制成有机肥料，用于村民日常的蔬菜瓜果种养，实现了湿垃圾不出村的目标。通过这项创新技术的宣传、推广和运用，垃圾分类已经在五四村开展得如火如荼，成为村民的"新时尚"。

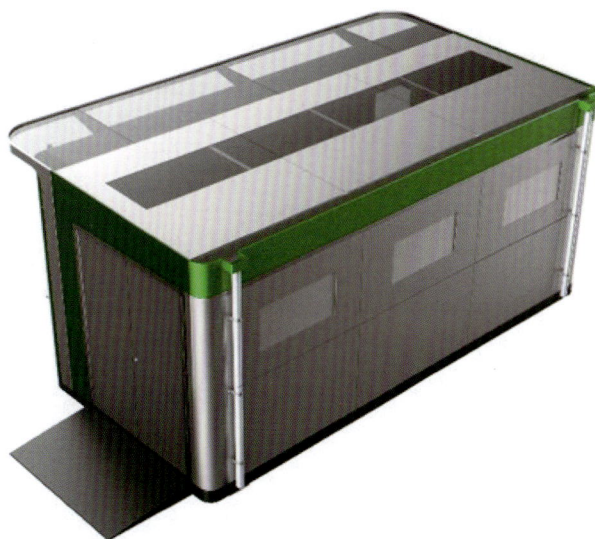

垃圾分类点改造

WASTE CLASSIFICATION POINT RENOVATION

　　村内原有普通的宣传点在形式上不够美观，与周围环境脱节，并且吸引不到村民注意力，从而不能很好地让垃圾分类观念深入人心。

　　对垃圾分类宣传点进行改造、提升，做成宣传长廊，与植物景观结合起来，搭配地表植物与灌木，吸引村民前来游玩，景观宣传长廊将垃圾分类内容展示得更全面。

"地尽其利"

北京市密云区高岭镇
农村环境生态综合体示范基地

概述
OVERVIEW

　　北京市密云区高岭镇农村环境生态综合体示范基地由北京市科学技术委员会建设投资，由北京中源创能工程技术有限公司负责项目具体实施，该项目建成于 2020 年 7 月。

　　高岭镇，地处北京市密云区东北部，其矿产资源极为丰富，最具代表性的铬及高级建筑材料北京墨玉矿为北京独有，地方特色民间艺术有瑶亭花会、霸王鞭。

　　荣誉：获优秀党组织和先进单位绿色村庄村、市级文明生态村、首都精神文明村、平安村、计划生育先进村等。

示范基地

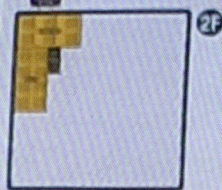

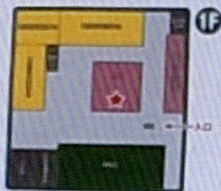

示范基地导视图

依托项目:农村生活垃圾就地分
离及处理技术设备的研发与示范

北京中源创能工程技术有限公司
清华大学

2F

1F

　　高岭镇农村环境生态综合体示范基地建成于 2020 年 7 月，围绕环保、绿色、生态运作模式，构造厨余垃圾、有机肥料、有机蔬菜、居民休闲采摘的生态闭环，是融合垃圾处置、有机种植、垃圾分类学习、参观休闲等多种功能的迷你生态综合体。

　　在有机垃圾处理基础上，该项目以新式太阳能高温好氧动态发酵为亮点，结合太阳能发热储能系统，利用太阳能为处理设备发酵仓增温，节能效率高达 30%。同时，该项目创新建设以厨余垃圾有机废水和厕所废水为对象的有机废水厌氧处置系统，产生的沼渣沼液可作为液体肥，提供给周边果园使用，实现无废产生，变废为宝。

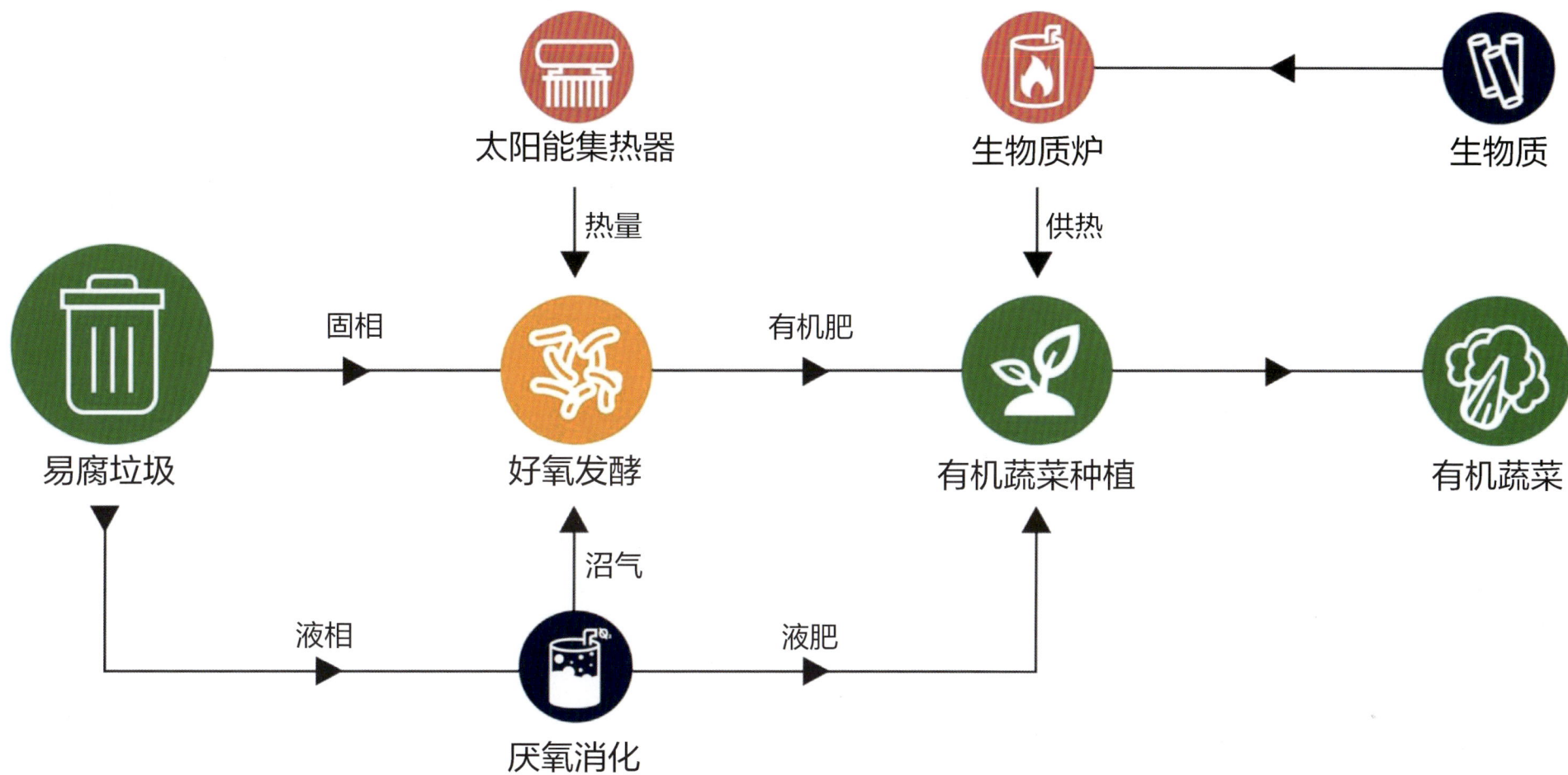

"回归三园"

浙江省杭州市淳安县大墅镇有机垃圾资源化处理站

概述
OVERVIEW

淳安县大墅镇项目由淳安县大墅镇人民政府建设投资，由北京中源创能工程技术有限公司负责项目具体实施，该项目建成于2022年。

大墅镇，隶属浙江省杭州市淳安县，地处淳安县南部偏西南，地方特色民间艺术有赶十八、民间竹马舞蹈表演，境内水力资源、矿产资源丰富，富含锡铁矿、萤石矿、花岗岩、大理石等，拥有茶叶、毛竹、蔬菜、蚕桑四大产业，形成较为特色的以竹园、茶园、菜园为主的"三园经济"。

荣誉：2020年被全国爱国卫生运动委员会命名为"2017—2019周期国家卫生乡镇（县城）"。

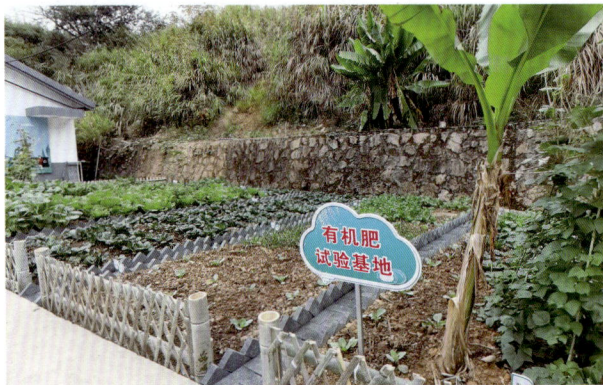

淳安县大墅镇项目建成于 2022 年，项目由有机垃圾资源化处理中心、有机肥料展示中心、垃圾分拣间等组成，针对附近村镇居民日常生活产生的厨余、果蔬等有机垃圾，以微生物高温好氧发酵为核心技术，实现有机垃圾的低能耗处理和高效循环利用。

根据当地垃圾产生特点，项目处理站配置一台集成化处理设备，设备由上料系统、预处理系统、发酵系统、除臭系统及相应的电气和自控系统组成。针对居民日常生活产生的有机垃圾，在分类收集后统一由专业垃圾运输车运至项目垃圾分拣间内，通过人工分拣，去除不可处置的杂质，进入高温好氧发酵装置，经过 5～8 天发酵，有机垃圾在微生物作用下被分解为水、二氧化碳和固态有机基质，垃圾减量率达 90%，垃圾终端产物富含有机质和多种微量元素，可作为有机基质回归园林或农业应用，资源化利用率接近 100%。

"山水治田"

浙江省台州市仙居县大战乡资源化处理站

概述
OVERVIEW

　　仙居县大战乡项目由浙江省台州市仙居县大战乡人民政府建设投资，由北京中源创能工程技术有限公司负责项目具体实施，该项目于 2021 年 6 月正式投运。

　　仙居县，隶属浙江省台州市，地处浙江省东南部、台州市西部，是中国"国家公园"试点县，台州市母亲河（永安溪—灵江—椒江）的源头。有"八山一水一分田"之说。仙居县是浙江高质量发展建设共同富裕示范区首批试点地区。

　　荣誉：2018 年 10 月入选 2018 年度全国投资潜力百强县市、全国绿色发展百强县市。2018 年 10 月 22 日，入选 2018 年全国农村一二三产业融合发展先导区创建名单。2018 年 12 月，荣获第二批国家生态文明建设示范市县。入选 2019 年度全国投资潜力百强县市。

仙居县大战乡项目于 2021 年 6 月正式投运，项目针对当地村民产生的厨余垃圾、畜禽粪便及农作物秸秆等，配置 1 套日处理规模 3t 的有机垃圾处理装备，针对餐厨垃圾、畜禽粪便及农作物秸秆（稻秧）进行资源化处理，产物作为有机肥回归园区的绿地。

项目配套一套肥料深加工装置，面向大战乡有机垃圾处理站点产生的产出物进行深加工，通过添加辅料（微量元素等）形成多种生物有机肥产品，实现了有机垃圾的"无害化、资源化、减量化"处理，形成了有机垃圾的资源循环利用。

"文旦复香"

浙江省玉环市清港镇
生活垃圾资源化处理站

概述
OVERVIEW

玉环市清港镇项目建成于 2017 年，该项目由玉环市清港镇人民政府建设投资，由北京中源创能工程技术有限公司负责项目具体实施。

清港镇，隶属于浙江省台州市玉环市，地处玉环市北部，境内最大的河流同善塘河，古名清港以港水清得名，镇名由港名而得。清港镇拥有优质文旦、特色葡萄、特种花卉三种主导产业。

荣誉：2018 年 5 月，清港镇入选小城镇环境综合整治 2018 年度省级样板创建名单。2021 年 9 月，清港镇入选"2021 年全国千强镇"。曾被列为省级小康镇、省级首批新农村镇、市农业农村现代化建设试点镇、市"一优二高"农业示范镇、市综合先进单位等。

　　玉环市清港镇项目建成于 2017 年，项目采用"区域集中 + 多物料混合 + 分散处理"的创新模式，针对清港镇及周边居民日常生活产生的餐厨、果蔬等有机垃圾以及农业生产过程中产生的农作物秸秆进行减量处理。项目日处理规模为 5t，年处理规模 1500 余吨，处理后的有机垃圾减量率达 90% 以上。

　　根据混合物料特点，项目采用有机垃圾混合处理的成套化消纳设备，以微生物好氧发酵为核心工艺，利用微生物新陈代谢作用分解有机废弃物中的有机质等物质，经发酵处理后的终端产物有机基质富含有机质、腐殖质等营养物质，可作为土壤调节剂改善土壤生态微环境，回归农田种植使用，实现有机垃圾的资源化利用，利用率达 100%。

　　2022 年，玉环清港镇项目被评定为"浙江省五星级农村生活垃圾资源化处理站点"。

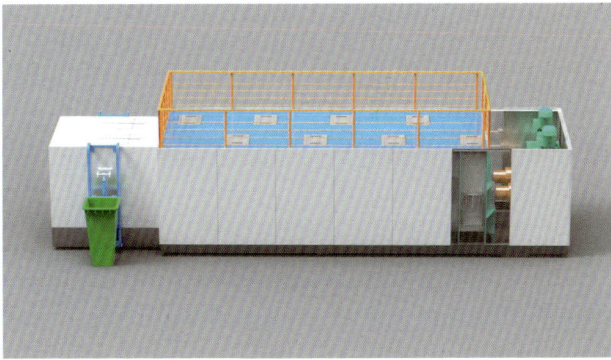
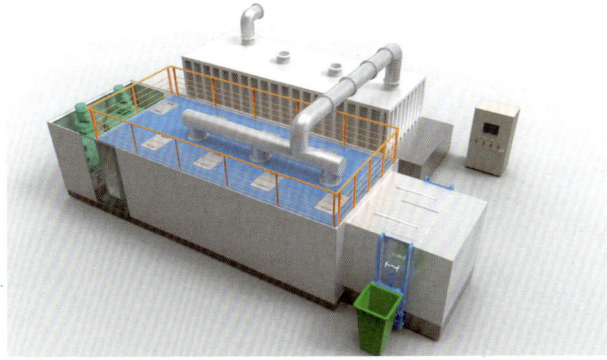
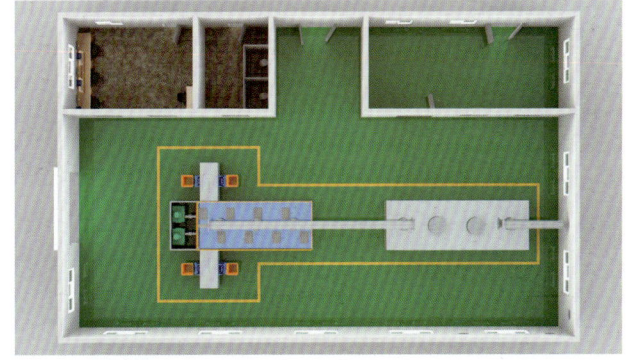
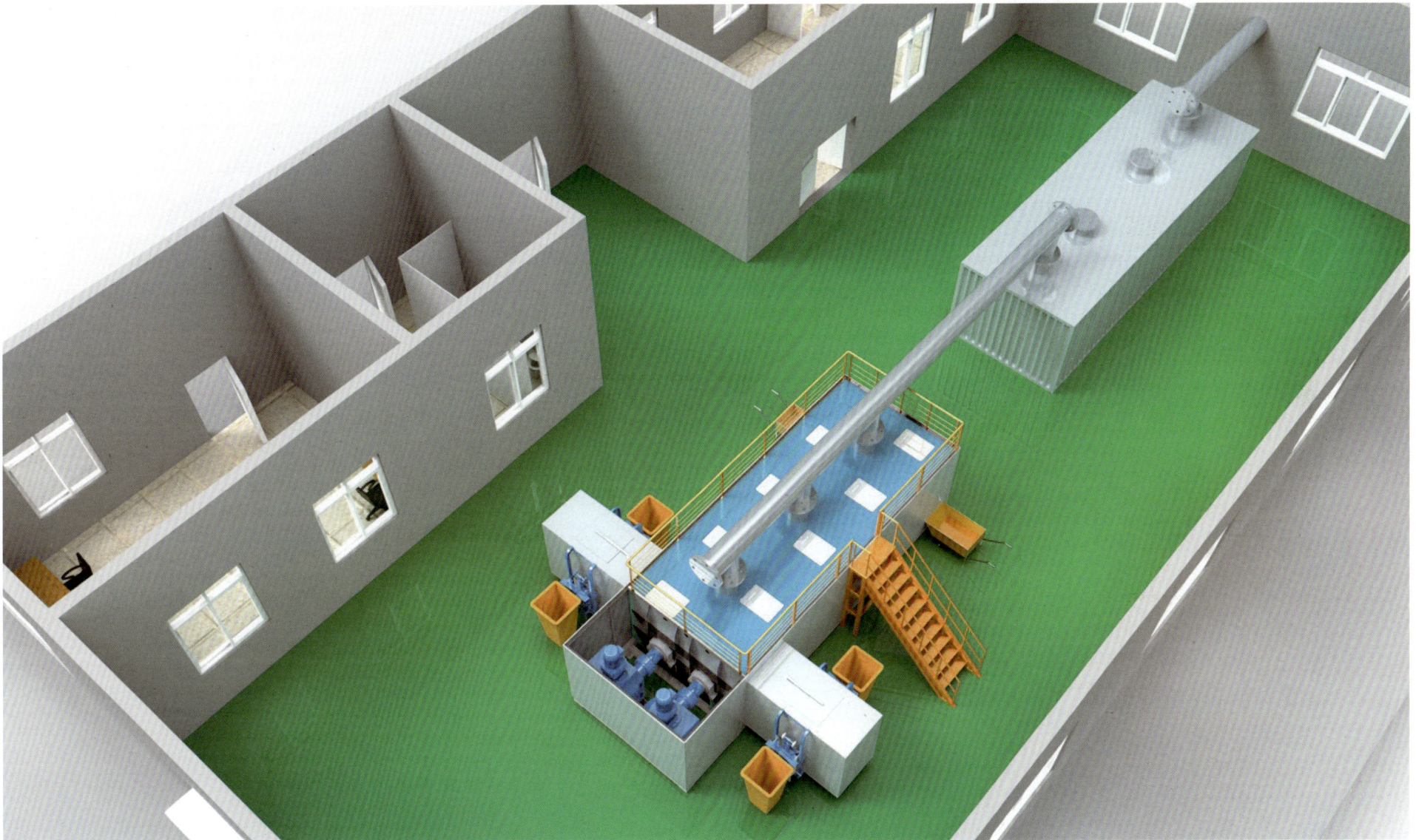

引言

在乡村振兴战略的大背景下，乡村生态环境保护与可持续发展成为核心议题。如厨余垃圾、农作物秸秆等的有机垃圾，蕴藏着丰富的生物质资源，其处理与资源化利用对改善乡村环境、促进生态循环至关重要。长期以来，由于处理机制不健全和技术手段落后，大量有机垃圾被不当处置，严重制约了乡村生态环境的改善和资源的有效利用。

近年来，随着环保意识的提升和科学技术的进步，有机垃圾资源化处理逐渐成为解决乡村垃圾问题的关键途径。通过科学的处理手段，将其转为如生物肥料、生物能源等有价值的产品，推动有机垃圾的资源化、无害化、减量化，既减少了对环境的污染，又实现了资源的循环利用。各地纷纷建立有机垃圾资源化处理中心、垃圾分类宣传教育中心、现代农业应用示范体验中心等，提升乡村环境卫生水平，促进农业可持续发展，增加农民收入，推动乡村经济的多元化发展。

本章通过多个实践案例，全面展示了有机垃圾资源化处理技术在乡村地区的应用成效和广阔前景。从垃圾分类收集到资源化处理，再到终端产品的应用推广、小型分散污染处理技术的实用性探讨，每一个环节都蕴含着科技创新与绿色发展的理念。不仅证明了有机垃圾资源化处理技术的可行性和有效性，也为其他地区提供了宝贵的经验和启示。有机垃圾资源化处理能有效减少农村环境污染，促进农业资源的循环利用，提升乡村经济效益与生态效益，对推动乡村生态振兴、实现农村可持续发展具有重要意义。未来，随着技术的不断进步和政策的持续支持，该技术将在更广阔的乡村舞台上展现出其独特的魅力和巨大的潜力。

CHAPTER ⑤

绿水青山
——有机垃圾资源化处理助力乡村生态循环

GREEN SCENERY — THE RECYCLING TREATMENT OF ORGANIC WASTE PROMOTES THE RURAL ECOLOGICAL CYCLE

"以绿养绿"

湖北省鄂州市涂家垴镇万秀村

概述
OVERVIEW

　　万秀村，其名取万紫千红、钟灵毓秀之意，村庄始建于清朝康熙年间，至今有 300 多年历史。村子坐落在美丽的梁子湖畔，三面群山环抱，境内有有机蔬菜采摘园、国家级野生动物保护站，人文荟萃、环境秀美。

　　近年来，该村着力发展现代农业，大力完善基础设施建设，深入推进乡村治理，开展美丽乡村建设，先后获得全国民主法治示范村（社区）、省级文明村、省级绿色示范乡村、省级宜居村庄、首届"荆楚最美乡村"和全国文明村等荣誉称号。

建筑
BUILDING

　　万秀村民居极具荆楚特色。村庄有一条环湾路，路旁建筑布局和结构错落有致。各家住宅具有鄂南建筑文化特色，浪漫诗意，富有激情，反映了楚人张扬的性格。

水系

RIVER SYSTEM

　　万秀村靠近湖和山，湖汉伸进山里，把村庄分成几瓣，离群山不远的高地像马蹄一样围住万秀村，村前的开口伴着流水与七座山峦，合称"七星照月"。村内多水井，屋池相映，泽湾宜人，沿用至今。

农田
FARMLAND

　　鄂州地区作为传统小农经济的发源地，历史久远，万秀村内还保留着水田、池塘等农业模式。漫步田间地头，可以体会城市喧嚣中不曾有过的宁静。前塘后田的地域刚好适于作为公共景观建设地，在这里可以建造一个公共休闲阅览室，以供来往游客和留守老人儿童阅览，还可以作为美丽乡村科教基地。

广场

SQUARE

　　万秀村由于优越的地理空间条件，拥有充分的广场空间，无论是休憩游玩还是举办公共活动，这些地方都成为村民的不二之选。广场等公共区域还拥有大量的绿色植物，与附近的建筑相映成趣。

基础设施
INFRASTRUCTURE

2017 年以来，万秀村积极实施"厕所革命"，全力改善许应堂湾的生态环境。许应堂湾拆除了全部的旱厕，家家户户做起了水冲式的厕所，湾里还修建了一座座生态公厕。后期会将村民闲置房打造成特色民宿、农家乐等，为整村推进乡村旅游提供硬件支撑。

垃圾分类工程概况

OVERVIEW OF
WASTE CLASSIFICATION ENGINEERING

村中就垃圾再利用问题进行了改善，在垃圾分类后，对"绿色垃圾"进行堆肥，以便于垃圾处理与一定程度的回收利用，赋能乡村发展，成为绿色生态发展道路上的一部分。

2020 年，万秀村获湖北省生活垃圾分类示范创建工作先进行政村。村民垃圾分类的意识也在增强。漫步村内，标识明显的垃圾分类回收站随处可见，还有固定的易腐垃圾堆肥点。

"青创野望"

浙江省宁波市镇海区永旺村

概述
OVERVIEW

　　永旺村位于镇海区，距离宁波市地铁 2 号线清水浦站 1km，地铁车程 0.5h 可达宁波市中心。全村区域面积为 2.69km²，由阮家、田野王、永丰 3 个村合并而成，近几年，永旺村依托便利的区位条件和优质自然基底已成为市民青睐的网红打卡地，并且走出了独属于自己的农旅与文创相结合的发展路径。

　　荣誉：2019 年浙江省 3A 级景区村庄名单、浙江省首批未来乡村。

水系
RIVER SYSTEM

　　永旺村村内"千亩田园、沿路林带、河网水系、乡村聚落"有机分布，形成以"滨水景观带"为主线的景观；村中产业分为文旅休闲产业与传统产业区，打造出融合农业体验、企业之家、青创生活、艺术田野、原乡风貌等多个具有特色节点的空间路径；村落四周田园林地环绕，绿树环抱，鸟语稻香，形成一片"水、林、田、路、村"共生一体的生态郊野田园风貌。

建筑
BUILDING

永旺村历史久远，坡屋顶形制以白墙、青瓦等为主，与当地环境契合相生，营造了浓厚的乡野体验。

建筑的外墙色彩主张平淡自然的美学观，以冷灰为主调，以黑白为基色，黑砖、白墙或古朴红瓦、黛瓦，以黑、白、红的层次变化组成单纯、统一的建筑色调，具有质朴典雅之美。

永旺村注重文化景观构建，村内建筑经过修缮与建设，形成了良好的乡村新格局。

农田
FARMLAND

全村区域面积为 2.69km²，耕地面积达 960 余亩。以 200 亩稻田景观带建设为契机，永旺村启动花海精品线项目建设。以花海为主体，串联农田、水系等特色风貌资源，重点打造了稻田咖啡馆、露营基地、花海小火车、特色标识系统等特色节点。

花海

FLOWERFIELDS

优化闲置农田，打造花海精品游线，完善"农业 +"乡村旅游产业链。

花海精品线积极引导发展生态农业与乡村休闲旅游，打造农业休闲融合区，成为未来产业、未来邻里、未来风貌、未来低碳等多个场景的集成展示窗口，在"微度假"备受欢迎的当下一度成为网红打卡点。

广场
SQUARE

　　永旺村通过祠堂东面老旧厂房改建，增设游客服务中心。发挥"山、田、溪、村"等自然资源优势，形成永旺村"乡野青创集"生活圈。

　　永旺村通过"微改造、精提升"修复性设计，在设计过程中注重文化景观构建，延续村落历史风貌，持续推进微景观改造和美丽庭院建设，形成"一村一品、一村一韵、一村一景"乡村新格局。

广场改造
SQUARE RENOVATION

　　永旺村广场设计有一组展现村庄特色的构筑物，设计参照村内建筑风格，延续乡村历史风貌。构筑物材质选择环保乡土材料，以石材、砖瓦为主，色彩与村内建筑相融合，以黑灰为主色调。

景观小品
SIGHTFURNITURE

永旺村景观设计特色鲜明，注重文化景观构建，既延续村落历史风貌又融合新时代趋势。

垃圾分类工程概况
OVERVIEW OF
WASTE CLASSIFICATION ENGINEERING

永旺村是宁波市镇海区全区较早实施撤桶并点、定时投放的村，因此永旺村也有镇海区"垃圾分类示范村"的称号。

永旺村通过建立联村干部、村干部、网格长包片督查指导，党团员、村民代表、妇联骨干、老年会及志愿者队伍共同宣传培训，村保洁、应急小分队"垃圾包"巡检三项制度践行垃圾分类的国家政策。其最终垃圾分类质量稳定保持在95%以上，实现了村民宣传率、知晓率和参与率三个百分百目标。

垃圾分类基础设施

WASTE CLASSIFICATION INFRASTRUCTURE

　　在永旺村的生活垃圾分类归集点，整齐摆放了清洗干净、排列有序的垃圾桶。以片区为单位，每个垃圾桶都贴上了各自点位的标识，放置在归集点的片区指示牌下，便于管理和分类质量督查。

　　除此之外，在归集点旁的厨余垃圾就地处理装置中，将居民分类好的厨余垃圾收集后投放到厌氧发酵池中，经过一段时间的生物降解即可产生沼气和有机肥，基本实现"厨余垃圾不出村"。

"自然满园"
德清县城乡环境生态综合体示范基地

为响应党和政府"生态兴则文明兴，生态衰则文明衰"的理念号召，以及千村整治万村示范和全国首批百个农村生活垃圾分类示范县建设，浙江省在全国率先推行厨余垃圾资源化利用计划，德清县积极响应并推出"一把扫帚扫到底"城乡环卫管理一体化新模式，依循"合理布局、区域收运、就近处理、统一运作、全程监管"原则，在全县范围内开展垃圾分类处理工作。

在享有"江南第一山"美誉的莫干山脚下，坐落着一座占地 9 亩，集厨余垃圾分类收集、处理、宣传、利用和推广于一体的全产业链生态环保基地，这便是在全国都颇具名气的"德清县城乡环境生态综合体示范基地"。该项目由德清县城乡环卫发展公司建设投资，由北京中源创能工程技术有限公司负责项目具体实施。

基地是集有机垃圾资源化处理中心、有机垃圾产物高值利用深加工中心、有机肥农业应用示范中心、垃圾分类宣传教育中心"四位一体"的综合示范性项目。

该项目充分展示出德清县"源于自然，尊重自然，回归自然"的垃圾生态循环理念，更生动诠释了党和政府"绿水青山就是金山银山"的生态文明发展理念。

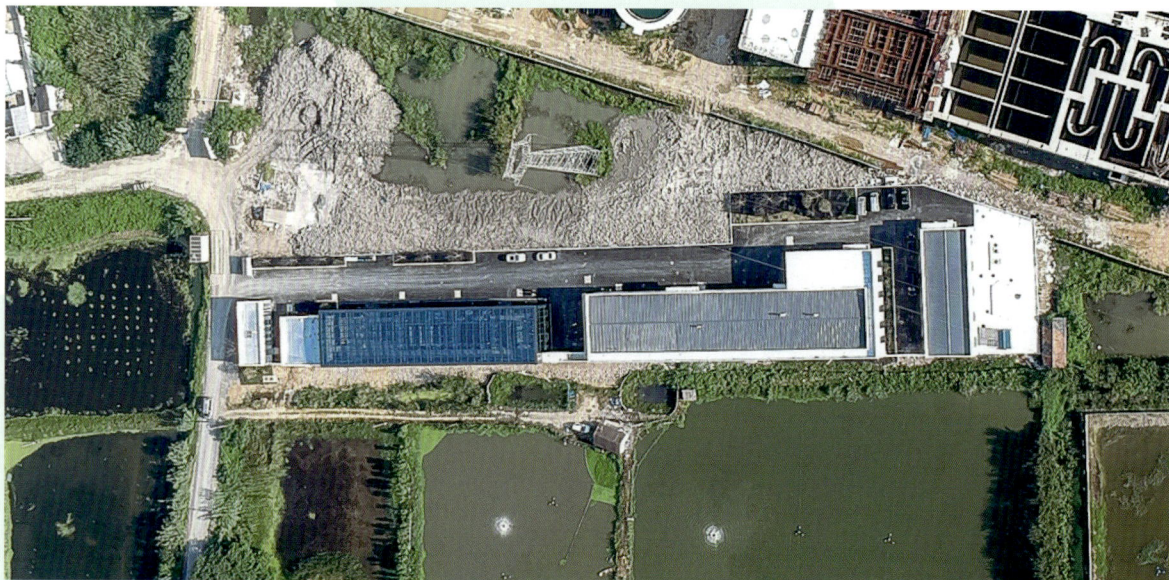

　　2009 年，德清县实施"户集、村收、镇（乡）运、县处理"的垃圾处理一体化工程，解决了全县生活垃圾统一处理问题，荣获 2011 年"中国十大社会管理创新奖"。

　　2014 年，德清县大胆探索，在全国率先实施"一把扫帚扫到底"城乡环境管理一体化新模式，努力形成农村生活垃圾治理的长效机制。

垃圾分类宣传教育中心

　　垃圾分类宣传教育中心内设多个垃圾分类知识普及模块，展厅功能大体划分为序厅、垃圾分类知识宣传区、垃圾分类工作展示区、互动体验区、本项目场区展示区等。在展厅可以了解到有关于垃圾的危害、垃圾分类的意义与方法、不同垃圾处理的方法、垃圾分类动画讲解等科普知识。此外，宣传教育中心还为参观者设置了游戏互动环节，通过寓教于乐的方式，让每一个来访者认识垃圾种类并有效参与到垃圾分类中。

　　宣传教育中心通过展板、沙盘、灯箱、视频、实物和互动游戏等形式，搭建出了一个集宣传、展示、体验于一体的教育园区。

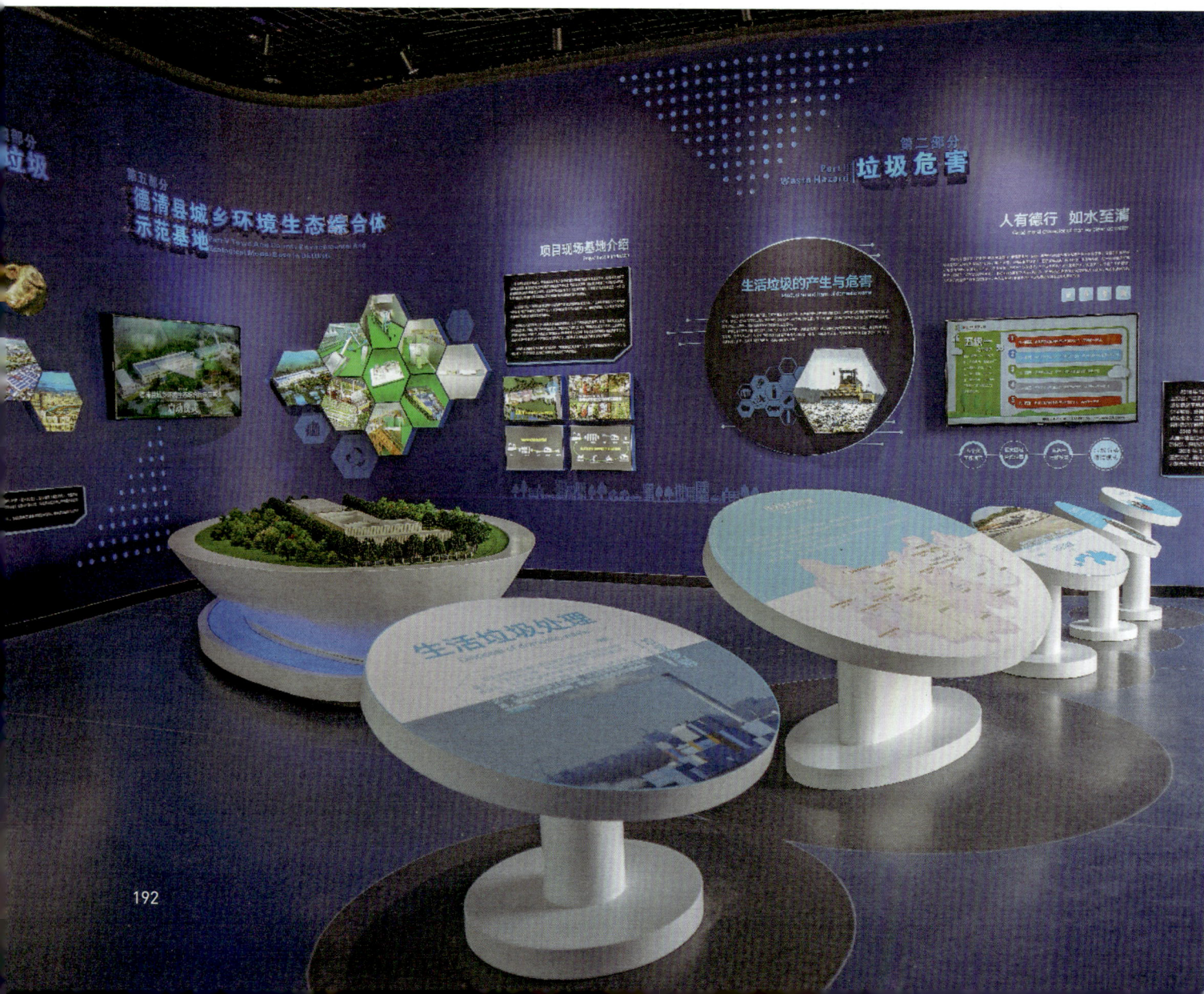

有机肥农业应用示范中心

　　有机肥农业应用示范中心是一个全透明玻璃幕墙形式的现代化农业温室，示范中心全程利用有机垃圾处理产物经深加工生产的有机肥，充分利用阳光、雨水等大自然条件，配备温控、微滴灌装置、净化器等一系列现代农业装置，面向智能化、自动化方向，为农作物创造良好的生长条件。

　　该中心通过实际操作与演示，提高大家对垃圾分类的认识。不仅实现了垃圾分类、处理、资源化、回收利用全产业链的闭环，还为全县范围大力推广有机肥利用、避免农田土壤退化、提高农民收入等提供了良好的基础。将垃圾分类成果以较直观的方式体现，打通了有机垃圾资源化最后一道关卡。

有机垃圾资源化处理中心

　　该中心是当地厨余垃圾处理的"主战场"，针对垃圾来源、杂质含量和收运方式不同，设备采取垃圾车、垃圾桶两种上料模式。

　　垃圾预处理是整个处理环节中的第一阶段，也是非常重要的关键步骤。针对垃圾桶、垃圾车两种不同的来料方式，分别设置"垃圾分拣"车间和"垃圾上料"车间，将有机垃圾转化为易被微生物降解与利用的形态，提高好氧发酵效率，缩短时间，增强稳定性。

　　后端的"有机垃圾微生物处理"车间采用以快速生物处理为核心技术的无害化处理与资源化循环利用技术，配备集成化的有机垃圾一体化处理设备，通过微生物作用将有机垃圾降解为水、二氧化碳等物质，实现了垃圾的无害化、减量化、资源化。

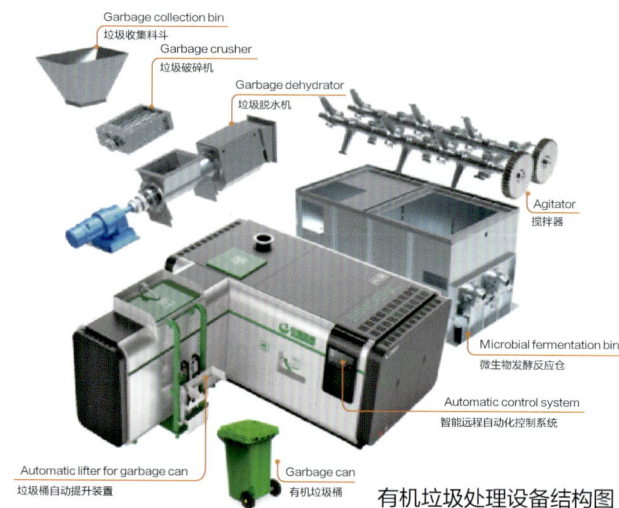

Garbage collection bin 垃圾收集料斗
Garbage crusher 垃圾破碎机
Garbage dehydrator 垃圾脱水机
Agitator 搅拌器
Microbial fermentation bin 微生物发酵反应仓
Automatic control system 智能远程自动化控制系统
Automatic lifter for garbage can 垃圾桶自动提升装置
Garbage can 有机垃圾桶

有机垃圾处理设备结构图

技术特点

通过强化机械搅拌、强制通风、恒温恒湿等手段人为创造合适的通风、湿度、pH 值、孔隙度、停留时间等良好发酵条件，利用好氧微生物的新陈代谢作用，使有机物料转化为高肥力的腐殖质、二氧化碳、水分等，产物可以作为有机营养土、作物基质、土壤改良剂、生物有机肥等，完成有机垃圾稳定化、无害化、资源化的过程，实现好氧堆肥周期从传统的 30d 缩短至 8d，使各类有机垃圾源头减量 90%～95%。

通过该项目开发了连续超细破碎、深度脱水等高效预处理技术，培育了功能型高效复合菌剂，利用迭代培养方式，实现了多世代菌剂的循环利用，降低运行成本，简化工艺流程。技术工艺显著提高了堆肥过程升温速度和微生物增殖的速度，操作简单、腐熟效率高，极大降低了对周边环境的影响。同时为打通上下游产业链，建立了设备加工厂，配套了设施加工厂以及菌剂生产基地，促进研发成果转化推广。通过科研技术升级优化、标准化设计和成套设备推广等途径促进技术成果升级和推动产业链发展。

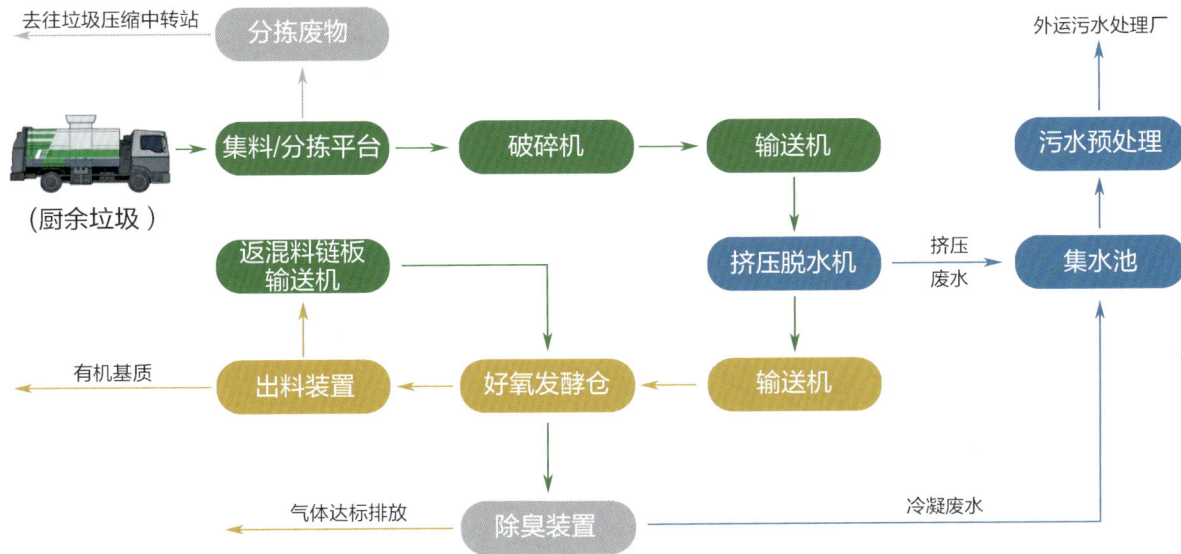

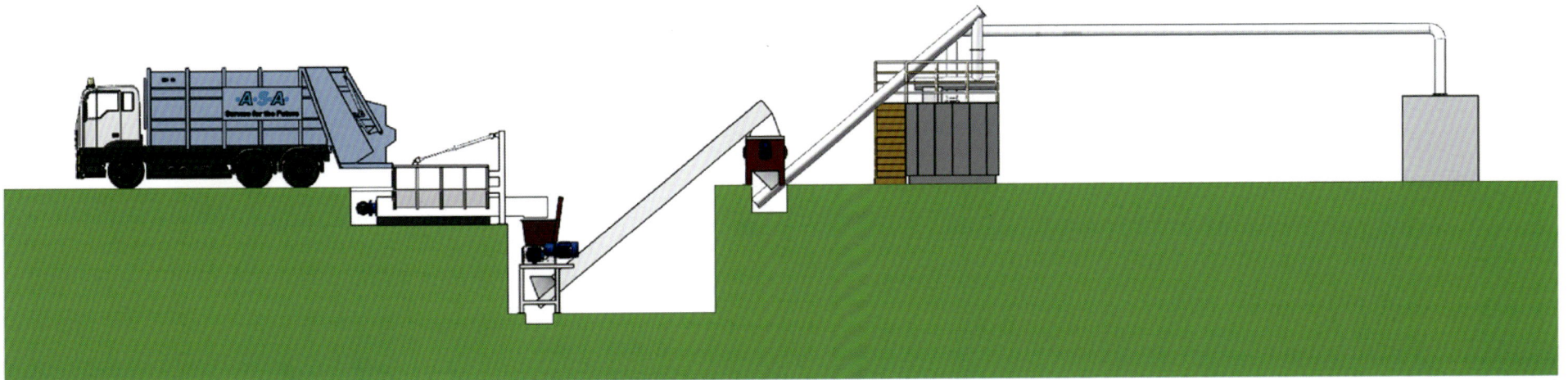

肥料高值利用深加工中心

　　肥料高值利用深加工中心是基于基地及其他有机垃圾资源化处理站产生的高有机质产物，经过筛分，进行物料混合，复配腐殖酸、无机肥、微量元素和微生物制剂等以生产不同的高附加值产品。

　　由于垃圾分类不能完全彻底，经过微生物处理的产物还含有一些杂质，组分波动大，缺乏一些营养元素，需要通过深加工才能变成真正的有机肥产品。

　　深加工中心采用先进的有机肥加工工艺，通过筛分、复配、造粒、整形、烘干、冷却筛选、检测封装一系列加工技术，将全县12座有机垃圾资源化利用站产生的高有机质产物加工形成可以调节作物土壤"生态微环境"的"生物有机肥"。

　　经过深加工的"生物有机肥"呈粉状、颗粒状和棒状等形态，广泛用于大棚蔬菜种植、茶叶种植及花卉盆栽等，以满足不同用户需求。

可回收物售卖间和基地室外公园

资源循环文创产品售卖间

在可回收物售卖间陈列着许多"德清城乡环境生态综合体"周边纪念品，例如水杯、冰箱贴、POLO衫、雨伞、笔记本和德清吉祥物玩偶等，它们都是可回收垃圾经过回收处理后再生产出的垃圾衍生品，是垃圾产能变现的有力证明。

生态环保乐园

　　基地南侧建设有一座室外公园，集休闲、健身于一体。室外公园划分为体验种植区、休闲娱乐区等，主要为宣传垃圾分类知识、提高居民垃圾分类意识。

"徽州别居"

黄山市屯溪区餐厨垃圾生态处理示范基地

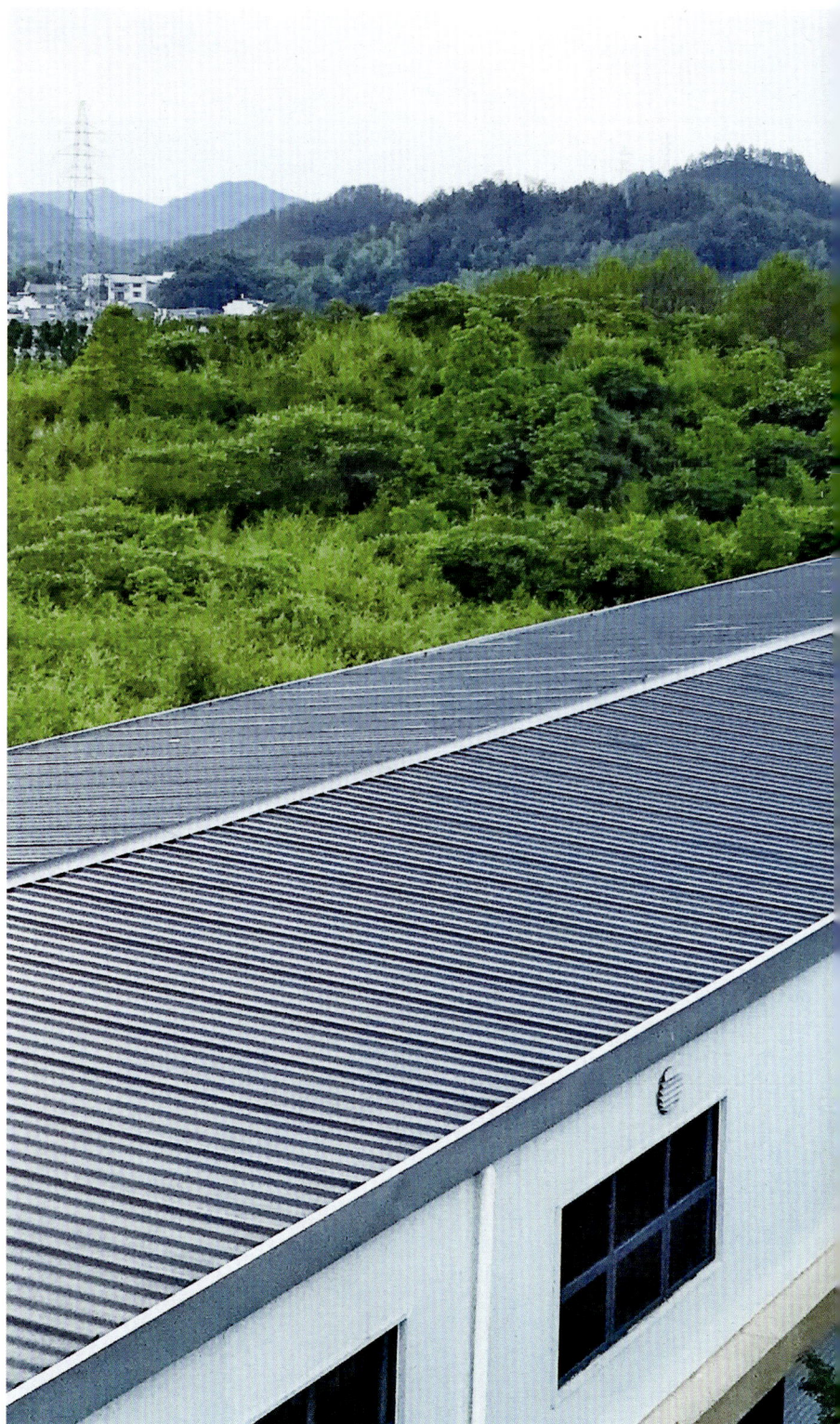

黄山市隶属于安徽省，古称新安、歙州、徽州，地处皖浙赣三省交界处，被称为"三省通衢"。黄山市已有2200多年的历史，既是徽商故里，又是徽文化的重要发祥地。黄山市境内的黄山为世界自然与文化双遗产，皖南古村落西递、宏村为世界文化遗产。

随着全国垃圾分类工作的推进，黄山市不断加强餐厨废弃物管理工作，提高全市餐厨废弃物资源化利用和无害化处理水平。屯溪区餐厨垃圾生态处理示范基地应时而生，基地位于阳湖镇紫阜村，项目整体呈狭长形，建设面积约6600m²。该项目由黄山市屯溪区城市管理行政执法局建设投资，由北京中源创能工程技术有限公司负责项目具体实施。

该基地由有机垃圾资源化处理中心、现代化农业应用示范中心、垃圾分类宣传教育中心和一套环保系统构成，四大功能区形成有机垃圾"规范化、无害化、减量化、资源化"循环处理体系，实现餐厨垃圾从分类收集到处理、利用、推广的全产业链条。

黄山市餐厨垃圾收运处理系统收运采用处理一体化、分散与集中处理相结合、餐厨垃圾处理与垃圾焚烧协同的模式，受到省住房和城乡建设部门推崇。按照因地制宜原则，屯溪区、徽州区、歙县、休宁县、祁门县建成运行了餐厨垃圾收运处理系统，就地处理餐厨垃圾；黄山区、高新区、黟县、黄山风景区建成运行餐厨垃圾收运系统。

垃圾分类宣传教育中心

垃圾分类宣传教育中心由理念宣传区、实物成果展示区、垃圾分类实感体验区和基地总体介绍四部分组成，通过展板、沙盘、灯箱、声光电、视频、实物和 VR 互动游戏等多种形式，向参观者推广垃圾分类理念，介绍垃圾分类取得的成果以及基地相关情况。

宣传教育中心为全市中小学生及基地参观者提供了一个集宣传、展示和体验于一体的教育园区，服务全市垃圾分类宣传工作。

现代农业应用示范体验中心

现代农业应用示范体验中心主体为有机肥综合利用温室大棚，大棚利用基地餐厨垃圾资源化处理产生的固态有机基质进行多种农业种植，作为功能农业循环利用的微观展示，并通过合理运营、科学管理，形成从垃圾分类处理到资源化、回收利用全产业链闭环。

作为黄山市有机垃圾资源化处理利用展示基地，体验中心还配备了 DIY 活动区、休闲娱乐区和垃圾分类大讲堂等区域，将传统农耕文化与现代化种植技术相结合进行推广宣传，为垃圾分类参与者提供前端分类和终极处理的直观展示。

有机垃圾资源化处理中心

　　有机垃圾资源化处理中心针对屯溪区餐饮单位、农贸市场等场所产生的餐厨、果蔬等有机垃圾，采用集成模块化设备模式，以好氧发酵为核心技术工艺，集成分选、脱水、破碎、连续式发酵等多项功能于一体的装备，利用好氧微生物新陈代谢作用，促使微生物分解有机垃圾中的有机物，使有机垃圾被分解为水、二氧化碳和固态有机基质。

　　该中心有机垃圾日处理规模 40t，年处理规模可达 14600t，能够完整覆盖屯溪区餐饮单位、农贸市场等地产生的餐厨、果蔬等有机垃圾处理需求。

V2.0 规模化厨余垃圾处理装备重点面向生活中产生的餐厨、果蔬等有机垃圾，通过机械强化快速高温微生物好氧发酵技术，将有机垃圾分解转化为有机基质，实现垃圾的资源化利用。设备集破碎脱水、微生物发酵、气体净化等功能于一体，采用迷宫式导热及多热源介质、载形搅拌 PR 减速器等最新技术，使垃圾处理过程节能近 30%，垃圾减量率达 90% 以上，资源化利用率接近 100%。

该装备从用户角度出发，重新进行工业设计，主要从人性化外观设计、节能低碳机械结构设计和智慧化控制系统设计三个方面，采用多个跨领域的高新技术和专利技术，实现装备最大科学化的节能低碳。该工业设计获得了德国红点机构颁发的当代好设计奖"金奖"。

人性化外观设计

采用太空舱式工业设计，圆润的外轮廓使操作更加安全，设备外装挂板和暗门标识强化，方便使用者对设备检查维修维护；极简的设计风格穿插绿色的线条，让产品更具行业视觉特点，赋予产品节能低碳品牌价值。

节能低碳机械结构设计

通过独特迷宫式导热介质提高热传效率，增大传热面积，提高蓄热量，减少散热量；多热源接口可以使用循环传热介质同时满足沼气、蒸汽、乏热、电热等多热源提供；PR 减速机输出扭矩大、承载力高，可实现装备最大科学化的节能低碳。

智慧化控制系统设计

随着社会进步，用人成本的增高倒逼传统环保机械制造加工行业转型，越来越多物联网、智能化自控等技术使得设备操作管理更加智能化、自动化，减少了人工操作和参与。

　　垃圾终端产物中的固态有机基质，进入土壤循环，能够保障土壤肥力，保护土壤原生态微环境。

　　基地的有机基质既可满足基地温室大棚种植使用，还可以赠送给周边居民，反哺农业种植。

环保系统

污水处理系统

污水处理系统主要针对基地运行过程中产生的各类废水进行净化处理，实现污水达标排放。基地产生的废水中含有多种化合物和有机物质，具有浓度极高的化学需氧量、固体悬浮物、油脂、含氮化合物和含磷化合物等，系统采用"厌氧+两级A/O+MBR"处理工艺，利用微生物系统实现所有废水的达标排放。

气体净化系统

气体主要在生物发酵装置中由微生物作用产生，气体净化系统采用生物除臭＋光解除臭＋植物液除臭等装置，层层分解过滤餐厨垃圾处理过程中产生的异味，使气体无味达标排放。

"古渡梦乡"
高邮市有机垃圾资源化处理示范基地

2018 年，高邮市建成日处理规模 700t 的生活垃圾焚烧发电厂，并投运一座占地 110 亩的建筑垃圾消纳场，2019 年建成生态综合体项目，弥补高邮市在有机垃圾规范化管理和资源化处置领域的空白，有效缓解垃圾焚烧设施运行压力。生活垃圾焚烧厂与生态综合体项目隔路相望，是一对垃圾处理的"好搭档"。

高邮市有机垃圾资源化处理示范基地位于高邮市龙虬镇兴南村，占地 15 亩，是一座集有机垃圾资源化处理中心、现代农业应用示范体验中心、餐厨垃圾废弃油脂提炼中心、发酵产物储存车间的综合性基地，专门针对城区收集来的厨余垃圾和农贸市场果蔬垃圾等有机垃圾进行集中资源化处理。该项目由天津泰达环保有限公司、高邮泰达环保有限公司建设投资，由北京中源创能工程技术有限公司负责项目具体实施。

基地有机垃圾日处理规模为 50t，年处理规模约 18250t，还具有科研、培训、教育和观光等功能。

为进一步建立健全高邮市生活垃圾分类体系，明确垃圾分类工作目标任务，推动垃圾分类工作在"十四五"期间往深处走、向细处分，出台了《高邮市城乡生活垃圾分类工作实施方案（2022—2025年）》。

该方案围绕垃圾分类集中处理率、生活垃圾回收利用率、生活垃圾资源化利用率三项目标，明确城市居民生活垃圾分类工作要稳步推行"四分法"，将城市居民生活垃圾分为有害垃圾、可回收物、厨余垃圾和其他垃圾，进一步健全完善垃圾分类投、收、运、处全流程工作链条制度体系。

有机垃圾生态处理系统

垃圾收运

为提高高邮市城乡垃圾分类治理体系和能力的现代化水平，政府逐步构建起垃圾分类管理体系、完善分类投放体系、收运体系及协同处理体系，采取"分散收集＋集中处理"方式处置厨余垃圾，提高厨余垃圾处理利用率，建立健全有机易腐垃圾资源化利用体系。

垃圾预处理

餐饮单位、农贸市场等产生的餐厨、果蔬垃圾等有机垃圾，由专业垃圾运输车集中收运至项目点集料/分拣平台，经人工分拣将不可降解物等大块杂质分拣去除后进入预处理系统，预处理环节使物料含固率在20%以上、粒径在2cm以下，再输送至高温好氧微生物发酵装置进行发酵处理。

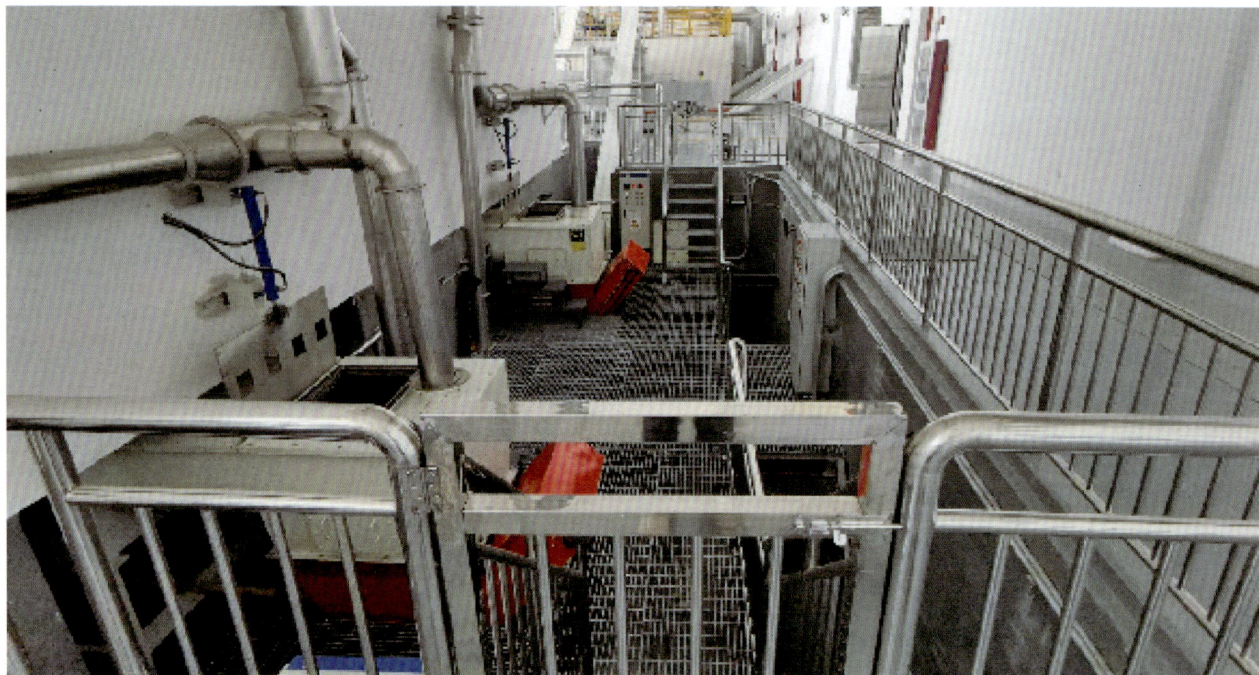

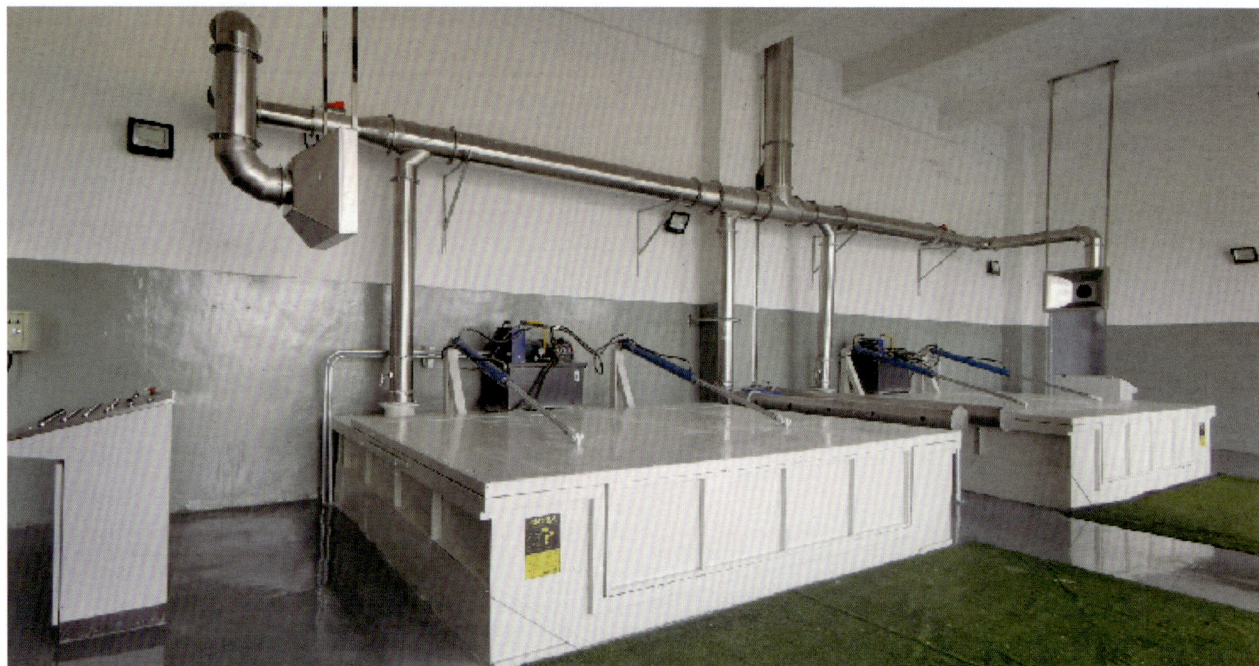

微生物发酵环节

预处理后的物料进入高温好氧微生物发酵装置内，通过强制通风与内部搅拌翻堆相结合的方式，保障氧气充足供给，添加专用微生物菌剂，通过好氧发酵自热以及辅热维持仓温 55℃以上，营造有利于好氧微生物菌群增殖环境，使物料中的有机物被微生物菌群降解为稳定无害，富含有机质、腐殖质和营养物质的发酵产物。

高效复合型微生物菌剂通过细菌、真菌 PCR 扩增及鉴定，分离、纯化、筛选出具有降解功能的优势菌种，优势菌种经过工业化生产扩繁后加工制成系列化有机垃圾处理专用发酵微生物菌剂，将菌剂投入设备发酵仓，通过强化机械搅拌，强制通风，恒温恒湿等手段人为创造合适的氧含量、湿度、pH 值、孔隙度、停留时间等良好发酵条件，利用好氧微生物的新陈代谢作用，将厨余垃圾、园林果蔬垃圾等有机固体废物转化为腐殖质、二氧化碳、水分等。

中源创能研发出具有自主知识产权的高效复合型微生物菌剂，建立了菌剂生产基地。该菌剂针对 5 种典型有机垃圾，包括了 15 种高效纤维素 +80 种蛋白质、脂肪降解菌种、90 种以上活性菌。

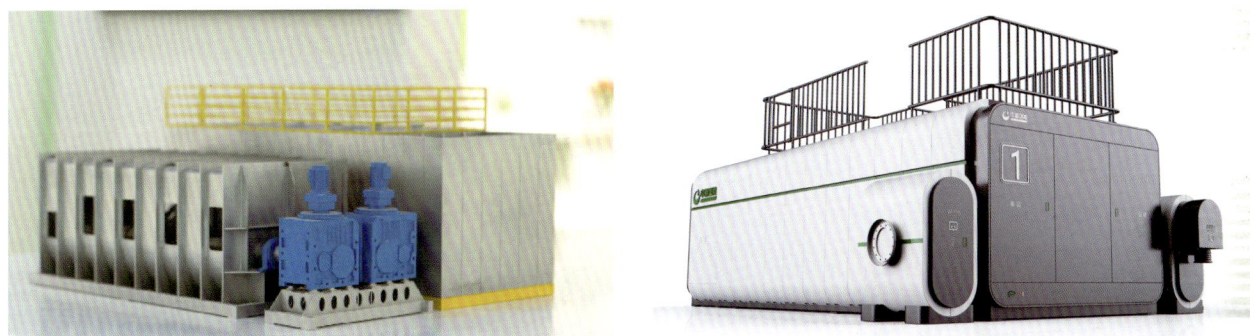

终端产物自动出料系统

　　项目设有自动控制功能，通过电器控制模块和软件指令，按照设备预设的工作流程，可实现设备全系统自动化运行，包括出料环节，根据模式设定参数，通过机械方式可完成仓内物料的自动出料，无需额外辅助，节约人工。出料口还专门设有防尘罩，防止出料过程中粉末四溢，维护储料间环境。

　　有机固体废物利用微生物好氧发酵工艺，被微生物菌群分解处理为水、二氧化碳和固态有机基质，有机基质富含氮、磷、钾等营养元素，采用先进的有机肥加工工艺，对有机基质进行熟化补充养分及微量元素，施行造粒、整形、烘干、冷却筛选、检测封装一系列目前最先进的生物有机肥加工技术，加工形成颗粒状、粉末状、棒状三种生物有机肥料，针对不同用户、不同用途、不同规格，形成多样生物有机肥产品，使其成为农业生产的必需品，日常生活中高级花卉种植的"特供商品"。

　　用厨余垃圾制成的有机肥料，不仅具有改善土壤、提升土壤肥力的作用，并且还能够降低重金属污染，加快作物生长，改善农产品品质。

智慧化管控及数据平台

　　项目配置园区智慧化管控系统，运用云计算、物联网、现代通信、音视频和软硬件集成等技术，可实时监控项目及各终端处理设备运行情况。

　　该系统可远程控制设备的启停，并对设备产生数据、收运数据和处理量进行分析汇总对比，以"科技＋智能"方式对人员、车辆、设施设备等开展精细化、智能化和科学化管理，通过电脑可视随时监控，替代人工巡查监管，提升项目管控能力与执行力。

现代农业应用示范体验中心

园区西侧，有一座占地 600 多平方米的玻璃温室，它就是现代农业应用示范体验中心。该中心使用有机垃圾终端产物固态有机基质，采用立体种植模式，作为现代化功能农业循环利用的全新展示。种植形式采用立柱栽培、树体栽培、苗床栽培等，除此之外该中心还设有绿荫大道、玻璃栈道、分类讲堂和 DIY 体验等多元功能区。

温室内设有展览展示区、育苗展示区、果菜种植区、叶菜种植区、花卉种植区和休闲互动区六个区域，承担了室内宣传教育、休闲观光以及物料终端产物高值利用、农业种植展示等功能。

现代农业应用示范体验中心通过科学管理、合理运营，逐渐形成有机垃圾分类处理与循环利用的生态产业链闭环。大棚内生长成熟的蔬菜可供应厂区食堂员工食用，花卉绿植可作为观赏品赠送，作为宣传教育基地，该中心已接待了来自政府、科研院所、中小学校和企事业单位等的多次考察学习。

有机垃圾终端产物高值利用

固态有机基质

经过资源化处理后，原始垃圾物料中的有机质被降解为稳定无害、富含有机质、腐殖质和营养物质的发酵产物，物料中的病原菌、寄生虫等被完全灭活，发酵生成褐色或棕褐色粉末状产物，经进一步加工处理后可作为有机肥原料回归园林或农田应用。

油脂提纯

厨余垃圾在收运处理过程中会产生大量废水，这些废水中含有高比例的粗油脂。项目采用"蒸汽湿热提油"工艺作为从垃圾废水中进行油脂提纯的核心技术，提纯油脂后，油中含水率小于1%，每日约能回收0.5t废弃油脂，作为化工工业原料和生物柴油原料。

生物柴油是典型的"绿色能源"，具有环保性能好、发动机启动性能好、燃料性能好，原料来源广泛、具有可再生等优点。大力发展生物柴油对经济可持续发展、推进能源替代、减轻环境压力、控制城市大气污染具有重要的战略意义。

中国是全球废弃油脂主要来源国，因为中国是烹饪大国，随着餐饮业的发展，国内废弃油油脂产量也会随之大大增加。

除臭净化系统

　　预处理阶段中，在垃圾收运车进入卸料区前，工作人员会启动植物液除臭喷淋，车辆进入卸料区后车间大门关闭，并同步启动 UV 光解除臭设施，此处理过程全部实施密闭和负压除臭模式，减少臭气产生和二次污染。每组高温好氧发酵仓都与一套生物滤池除臭系统相连接，系统采用"预洗涤塔＋生物滤塔组合工艺"作为工艺主体，整个操作车间通过微负压操作，使发酵仓内产生的高温、高湿和高污染恶臭气体经引风机直接送至除臭装置，杜绝恶臭气体外溢，统一进行除臭净化处理。

　　项目除臭系统由离子除臭和生物除臭两部分组成，离子除臭主要针对预处理区域除臭工作，生物除臭则面向整体发酵装置系统。项目在除臭方面采用多重技术工艺设备，实现了整体臭气的密闭收集和净化处理，为项目营造出洁净的运行环境。

"青云碧囿"
广州市越秀公园碳中和主题园

越秀公园又称越秀山，是广州市最大的综合性文化观赏公园。总面积86万平方米，包括三个人工湖、七个山岗，为五岭余脉最末的丘陵，元代以来被称为"羊城八景"之一。

园内有古之楚庭和佛山牌坊，古城墙、四方炮台、中山纪念碑、孙中山读书治事处、伍廷芳墓、明绍武君臣冢、海员亭、五羊石像、五羊传说雕塑像群、球形水塔、电视塔等。

碳中和主题园位于越秀公园内，由广州市越秀公园和广州碳排放权交易所联合打造，由北京中源创能工程技术有限公司负责项目具体实施，充分利用越秀公园旧垃圾场并由部分低效利用建筑改造而来。

主题园占地面积约为1400m²，把生态、生产、生活及科教有机融合起来，设有碳中和科普展馆、中水回用示范区、现代农业示范区、垃圾分类及园林垃圾就地处置区、碳中和研学区、新能源光伏技术展示区。

碳中和主题园规划功能齐备，集科学普及、公众教育、沙龙活动、社会实践于一体，是广东省广州市重要的"双碳"宣传教育基地。

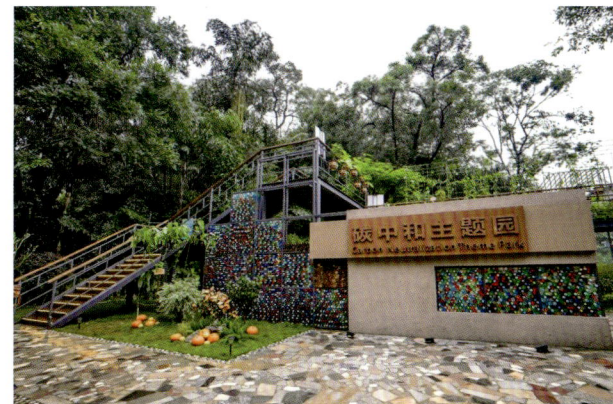

有机垃圾资源化处理中心

根据区域特点和园区需求，针对性设计园区园林垃圾就地处置模式，制定适用的园林垃圾分类及处理方案，针对园区在维护园林景观过程中产生的园林垃圾（难以降解，碳氮比高），投入一套日处理规模2t的处理设备，年处理规模达700余吨，终端发酵产物还可直接还于园区种植使用，实现园林垃圾"长于园，归于园"的生态循环愿景。

有机垃圾资源化处理中心采用低能耗与高效循环利用的微生物技术，借助全过程自动化运行与监督服务平台，实现对园林垃圾减量化、无害化、资源化处理，最终将其转化为有机基质等。

此模式创新性地解决了园林垃圾问题，为园林系统实现"碳达峰、碳中和"目标助力。

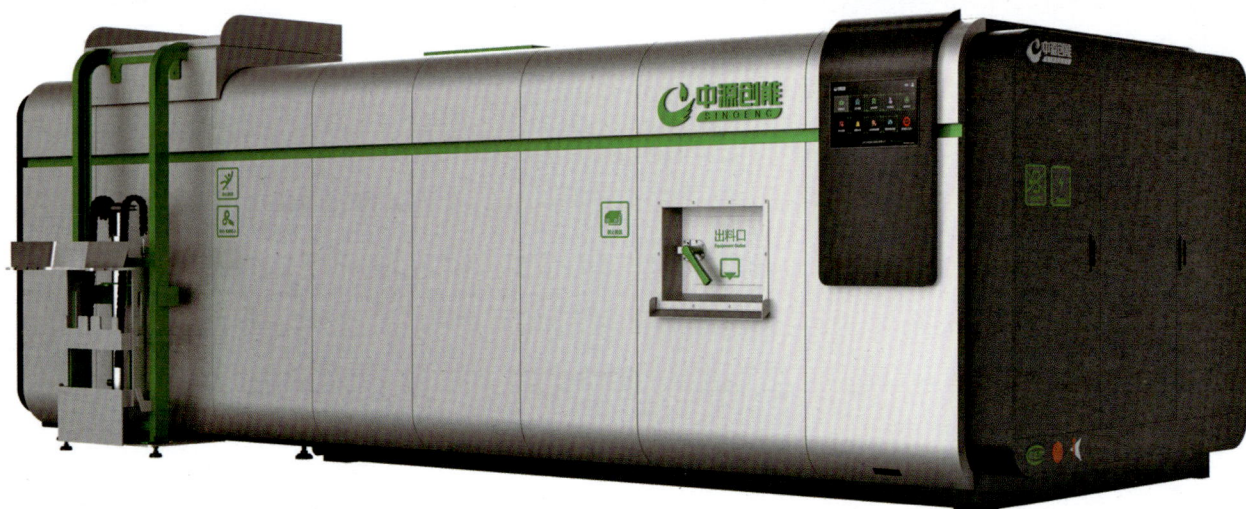

终端产物的资源化利用

　　作为宣传教育基地，主题园在园林垃圾就地处理和资源化循环利用方面向参观者进行了互动展示，打破传统碳中和教育宣传模式，开拓出影响力更深远的低碳环保教育基地，全面响应国家碳中和战略，在激荡的历史潮流中，呼喊着新时代的到来。

"烟雨潇潇"

江苏省江阴市有机垃圾相对集中处理项目

江阴市，简称"澄"，因地处"大江之阴"而得名，是一座滨江港口花园城市。江阴市位于苏南沿江，民营经济发达，是"中国制造业第一县"，领航中国县域经济，被誉为"中国资本第一县"。

江阴市先后获得 150 多项全国性荣誉，包括国家生态市，全国文明城市，2018 全国综合实力、绿色发展、科技创新百强县市，工业百强县（市），中国全面小康十大示范县（市）等荣誉称号。

江阴市垃圾分类和有机垃圾处理概况

江阴市垃圾分类与处理情况

江阴市在垃圾分类方面稳步推进。

2017 年已实施 23 个垃圾分类试点小区，总服务居民 14842 户，建设分类亭 546 座。

2018 年起，累计收集餐厨垃圾 922.32t、有害垃圾 5.4t、可回收物 186.65t。

2018 年新增 50 个小区的垃圾分类工作，垃圾分类工作已覆盖全市总垃圾产量的 40% 以上。

江阴市垃圾分类与处理的成果

在垃圾资源化处理方面取得阶段性的进展，并且已具备有机垃圾分类处理的基础条件。在垃圾处理方面，江阴市已建成 33 个有机垃圾处理点，全市有机垃圾处理量达到 172t/d，已基本实现全覆盖。同时完成三期垃圾焚烧发电厂的扩能，生活垃圾日处理量达 2200t。

有机垃圾处理遇到瓶颈问题

生活垃圾产量大

目前江阴市垃圾分类与处理工作成绩突出，但是不能忘记曾经面临的短板与困境。2009~2015年江阴市生活垃圾产生量激增，到2015年已经达到1550t/d，已经远远超过当时的处理能力（1200t/d），这致使江阴市2015年不得不将超额的生活垃圾运往泰州市处理。

有机垃圾难收运及费用高

2014年，江阴市的餐厨垃圾与生活垃圾混合集中收运，再到终端处理，这种方法产生的运输费极高，并存在着后端影响前端的短板，有机垃圾比例高、数量多、问题大等问题亟待处理。

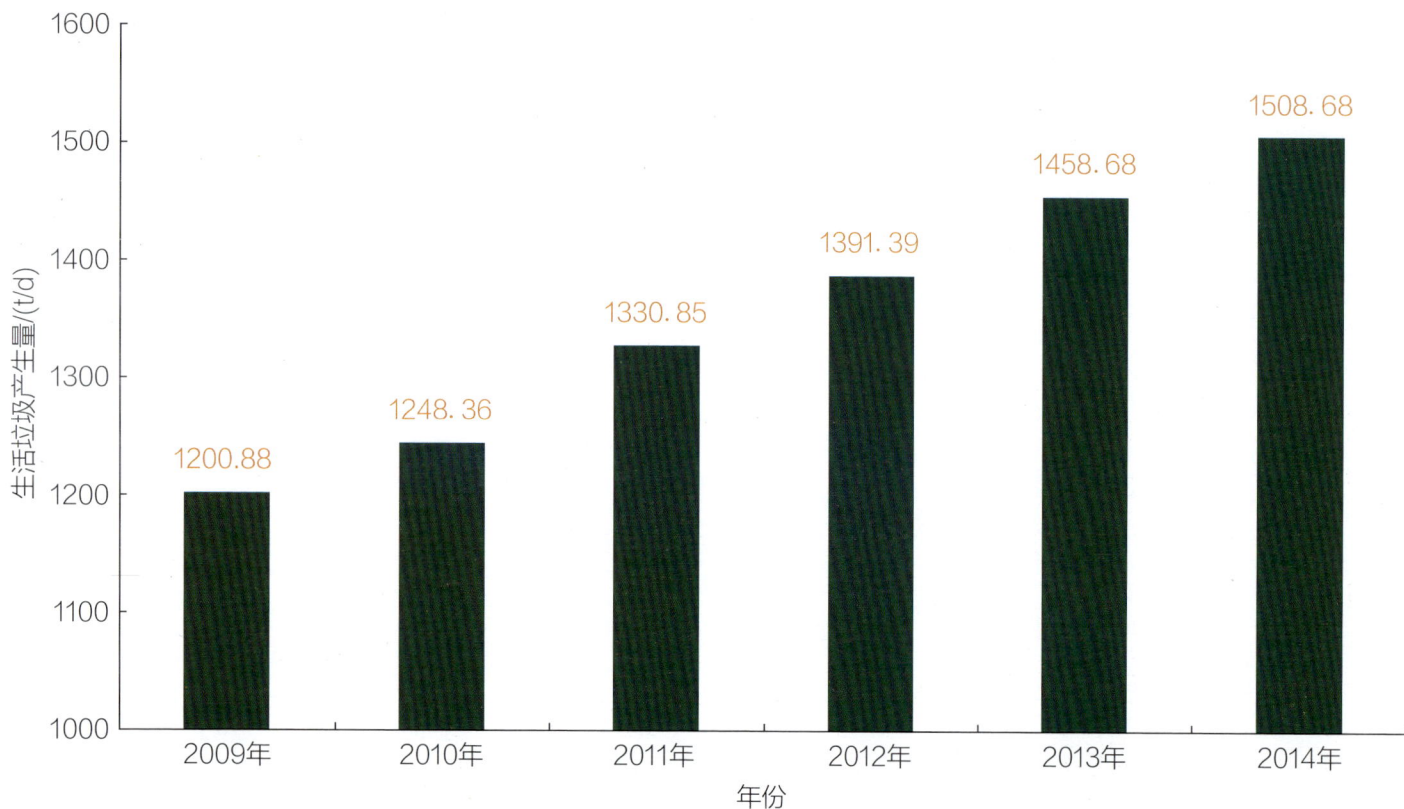

江阴市2009~2014年生活垃圾产量

"集中与分散"
有机垃圾处理新模式诞生

三个试点项目

2014 年起，江阴市公用事业局通过与清华大学环境学院合作，分别在江阴市政府和人民医院建设了处理量为 500kg/d 的餐厨垃圾就地处理试点，在西郊环卫所建设了日处理量为 20t/d 的有机垃圾处理设施，处理西郊农贸市场以及周边餐饮单位产生的有机垃圾，探索通过有机垃圾相对集中处理模式解决江阴市现有生活垃圾处理困境。

"14+16" 有机垃圾相对集中处理模式探索

针对三个试点项目运行情况，江阴市政府同清华大学团队根据江阴市城镇化比率较大、收运费用较高的问题，结合现有建制体系与环卫设施，以镇为单位，以中转站为依托，确立合理布局、区域收运、就近处理、统一运作、全程监管的有机垃圾相对集中处理模式。

针对城区采用"定点处理＋集中处理"模式，在不方便收集且产量较大单位采用定点处理，建设 16 个乡镇有机垃圾处理站，实现垃圾不出单位，集中收集后集中处理。

针对乡镇采用"相对集中"的处理模式，在各个乡镇现有垃圾中转站内建设 14 座有机垃圾处理站，每个有机垃圾处理站负责周围 5km 范围内收运的有机垃圾，收运距离大大减少，并且垃圾更容易收集到设计负荷，保证了可持续性的运营。

"江阴模式"运营成果显著

"集中 + 分散"处理对象及范围

针对食堂、餐饮单位、农贸市场、社区等不同单位产生的不同餐厨垃圾、果蔬垃圾等,通过技术创新,解决了不同垃圾混合处理的问题,实现了混合有机垃圾一条生产线混合处理。

采用"EPC+OM"运营模式

项目采用 EPC+OM 运营模式,由北京中源创能工程技术有限公司提供有机垃圾成套化处理设备,并进行项目建设工作,同时承接项目后期的委托运营服务,设立团队派专人负责项目的运行及维护,确保项目的稳定运行。江阴市城区及乡镇负责垃圾收集转运工作,保证垃圾量的稳定,项目整体运营成果由政府统一考核管理,形成市统筹、镇处理、公司运营的创新管理模式。

实施"前端执法 + 后端监管"管理体系

江阴市实施"前端执法 + 后端监管"的管理体系。在前端进行区域化收集，其中，乡镇部分，收运体系由各乡镇负责建设，环卫工作小范围集中管理结合垃圾分类，专业收运团队针对农贸市场、餐饮单位等地定时定点收集，保障乡镇有机垃圾收运的成效。城区部分，加大环卫作业市场化运行改革步伐，对道路清扫保洁、垃圾清运以及垃圾分类试点等市场化作业实施运行管理。

在后端进行多模式监管，出台的《江阴市镇街有机垃圾运行情况的通报》《镇街有机项目进展情况反馈》《有机垃圾考核管理办法》将相关工作纳入了制度化管理轨道。针对各镇街收运体系建设情况，通过建立通报、反馈机制督促各镇街完善有机项目收运体系建设。针对处理端建立考核管理体系、强化作业监管，对处理质和量、环境卫生、二次污染、人员团队各环节进行监管考核。

江阴市有机垃圾相对集中处理项目，是全国首个以分散处理模式实现县域有机垃圾处理全覆盖的项目，该项目以镇域为单位，依托现有生活垃圾中转站，建立了"前端分类 + 分散式就近处理 + 末端资源回收"的全产业链覆盖模式，通过统筹规划、合理布局，分步骤、分阶段建立长效机制，确保有机垃圾处理收运处一体化高效运转，形成具有鲜明特点的有机垃圾处理的"江阴模式"，对全面提高江阴市城市生活垃圾管理水平具有重要意义，对全省乃至全国范围内同等规模城市具有示范推广作用。

小型分散污染处理技术的实用性探讨

城市发展和农村生活污染问题

我国城市发展

近年来，中国在城市发展与经济建设领域取得了举世瞩目的成就。在经济层面，国民经济以年均 6% 以上的超常规速度持续增长，即使在新冠疫情冲击与全球供应链动荡的背景下，中国依托完整的产业体系与庞大的内需市场，始终保持着强劲的发展韧性，成为支撑世界经济的重要引擎。与此同时，以智能高铁枢纽、5G 智慧场馆、深空探测基地为代表的大型公共设施不断涌现，北京大兴国际机场的凤凰展翅造型与上海天文馆的星际探索设计，不仅彰显出世界级的工程技术与美学创新，更通过智慧管理系统与绿色建筑技术重新定义了现代基础设施的国际标准。在可持续发展领域，随着海绵城市建设覆盖 657 个城市、超低能耗建筑技术普及率提升至 36%，城市地下管廊与污水处理系统已形成网格化布局，配合光伏治沙、碳捕集等尖端环保技术的规模化应用，使得单位国内生产总值（GDP）能耗十年间下降 26.4%，实现了经济发展与生态治理的良性循环。这些系统性突破既塑造了现代化都市的新样态，也为全球城市化进程提供了创新范式。

农村污染控制存在的几个问题

当前农村污染控制仍面临多重制约：其一，公共财政投入总量不足且没有提上日程；其二，多头管理与权责错位现象突出，不适应环境投入的发展；其三，生活污染治理技术路线不明确。这种投入、制度与技术的三重脱节，使得农村环境治理陷入低效循环。

农村生活污染潜在处理技术

集中式污水处理——成熟模式污水处理技术

在集中式污水处理技术应用领域，我国已形成标准化实施路径。住房和城乡建设部基于中荷两国在环境技术领域的合作研究成果，专门编制了《中国西部小城镇环境基础设施技术指南》，为平均处理量为 2000～10000m³/d 的集中式污水处理设施提供了关键设计参数与运维标准。

该体系根据处理规模差异化配置工艺方案：针对 5000m³/d 以上的处理需求，推荐采用氧化沟、SBR 系列等具备同步脱氮除磷功能的成熟工艺；2000～5000m³/d 的中等规模项目，则优先选用水解酸化 - 好氧组合工艺，通过两段式生物处理强化有机物降解；对于小型分散式站点，曝气生物滤池及接触氧化法等具有抗冲击负荷强、运维便捷特点的工艺被纳入优选名录，形成覆盖不同场景的技术矩阵。

自然处理——湿地、氧化塘等技术

氧化塘和湿地，利用水体或土地的天然自净能力来去除污染物。基建投资和运行费用都很低，维护管理简单，出水可综合利用。

无动力（沼气净化池）、埋地式等分散处理方式

一体化或埋地式处理装置分有动力和无动力两类，其中沼气净化池应用广泛，而在日本埋地式应用广泛。

农村地区环境污染
治理技术选择的原则

分散处理——以源头减量、循环利用、全过程控制为原则（清洁生产和循环经济）

分散式处理系统立足清洁生产与循环经济理念，通过源头减量化、过程资源化、末端生态化的全链条控制，展现出多维技术优势：其核心工艺可实现总氮去除率突破 95%、总磷截留效率超 80%，同步完成 COD/BOD 削减 50% 以上及病原体灭活率达 99% 的关键指标。运行环节依托分级净水与再生水回用技术，系统节水效能达 30%~40%，显著降低管网输配负荷与终端处理压力。在此基础上，模块化设备与就地处理模式使基建投资节省 45% 以上，运维成本较传统模式降低 60%。更为重要的是，经深度处理的出水可直接用于农田灌溉，而污泥经厌氧消化后产生的氮磷资源可转化为生态肥料，构建起"污染物 - 资源"的闭环代谢体系。

生活污染控制与农业生产相结合原则

生活污染控制与农业生产相结合的原则强调资源循环利用与生态可持续发展。通过建设沼气池，不仅能够增加可再生能源供应，缓解能源压力，还能保护林草植被，巩固生态环境成果，同时改善农村卫生条件，提高农民生活质量。此外，沼气池的应用有助于提升农产品质量，促进农业增效，推动农业循环经济的发展。粪便垃圾堆肥则实现了废弃物的无害化与资源化，不仅提升农产品品质、增加农民收益，还具有操作简便、易于管理的优势。

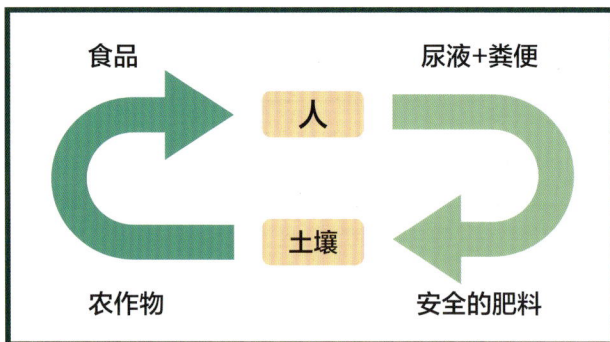

项目	尿液	粪	合计
N	85%	11.5%	96.5%
P	46%	35%	81%
K	62%	25%	87%
有机物	2%	52%	54%

乡村水环境治理与景观重构

历史上，北京曾是水乡，但随着城市化进程加快，路面硬化导致雨水难以滞留，影响了水资源的自然循环。与此同时，农村地区也面临日益干涸的问题，这不仅与降水减少有关，还与生活污染控制和水资源管理不足密切相关。因此，应重视径流管理，合理利用污水和雨水资源，通过生态化改造，优化乡村水环境，重构具有地域特色的水乡景观。

径流水体管理

雨水属于低浓度污水，主要的污染物包括 SS、COD、TN、TP、重金属，仅需简单处理即可收集并进入景观水体。主要的处理方法包括：

① 生态雨水缓冲处理系统；

② 雨水过滤系统；

③ 小规模雨水分离处理系统；

④ 生态处理系统。

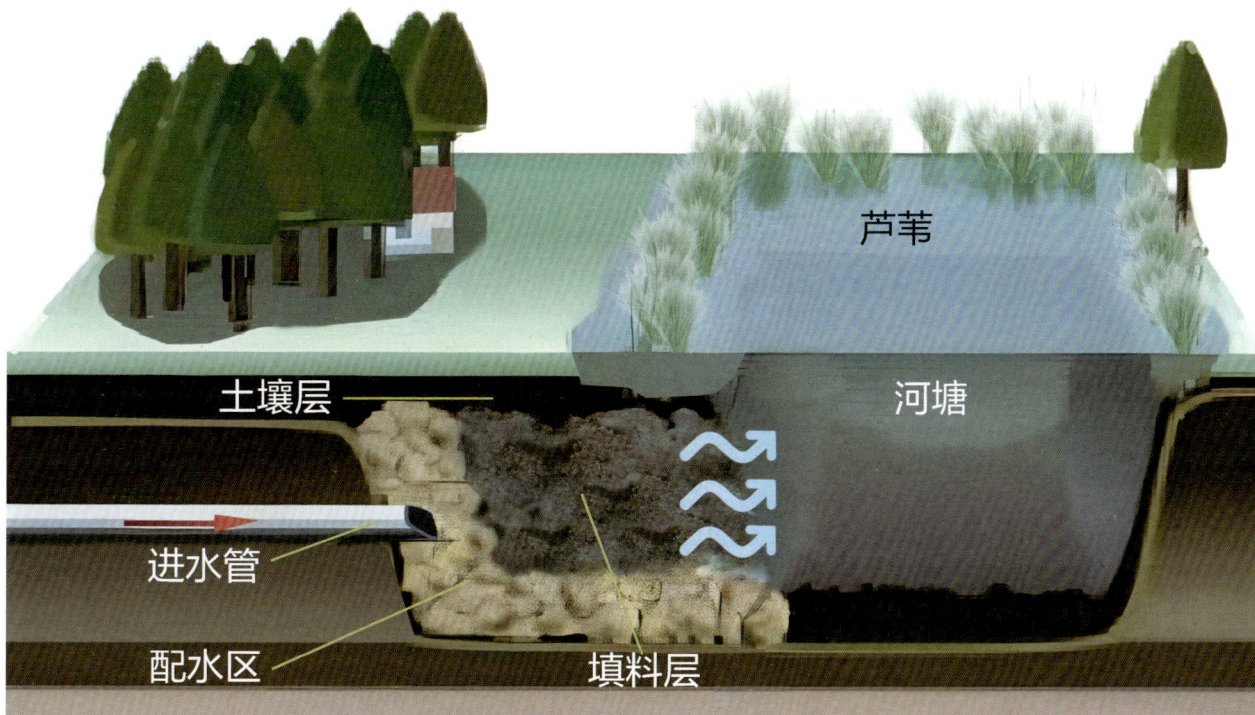

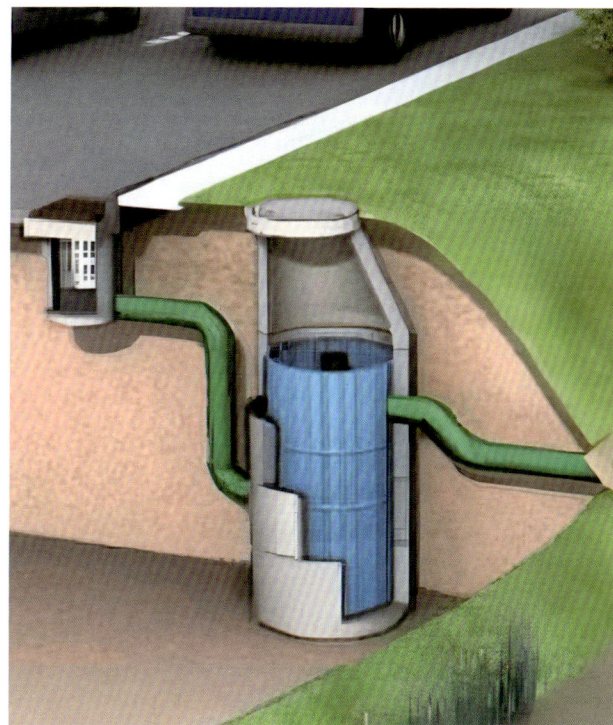

北京市昌平区崔村镇生态卫生系统示范工程

源头分离
——粪尿分离生态厕所系统

　　通过生态厕所便器实现粪尿分离，尿液直接收集、储存，为农业利用；粪便通过添加物干燥脱水，堆肥后作为有机肥料农业利用或土壤改良。

污染治理与农业生产结合
——垃圾处理系统

　　1. 农村的生活垃圾主要来源有三类：厨余垃圾、庭院落叶等有机垃圾；废弃的金属、玻璃、塑料、纸张等可回收的无机垃圾；砖瓦、砂土等建筑垃圾。

　　2. 根据垃圾的不同性质，对各种垃圾进行分类，可以有效降低垃圾处理的成本。

　　3. 结合农业生产需求，推广有机肥替代化学肥料、利用生物降解技术等措施，不仅能减少垃圾污染，还能促进农业循环经济发展，实现污染治理与农业生产的协同共进。

加强径流管理，重构景观环境
——人工湿地处理系统

　　南庄村景观湿地收集全村污水以及雨水，通过人工湿地、水生植物和循环水体，形成水体景观。该处通过安装健身器材提供休闲娱乐场所。

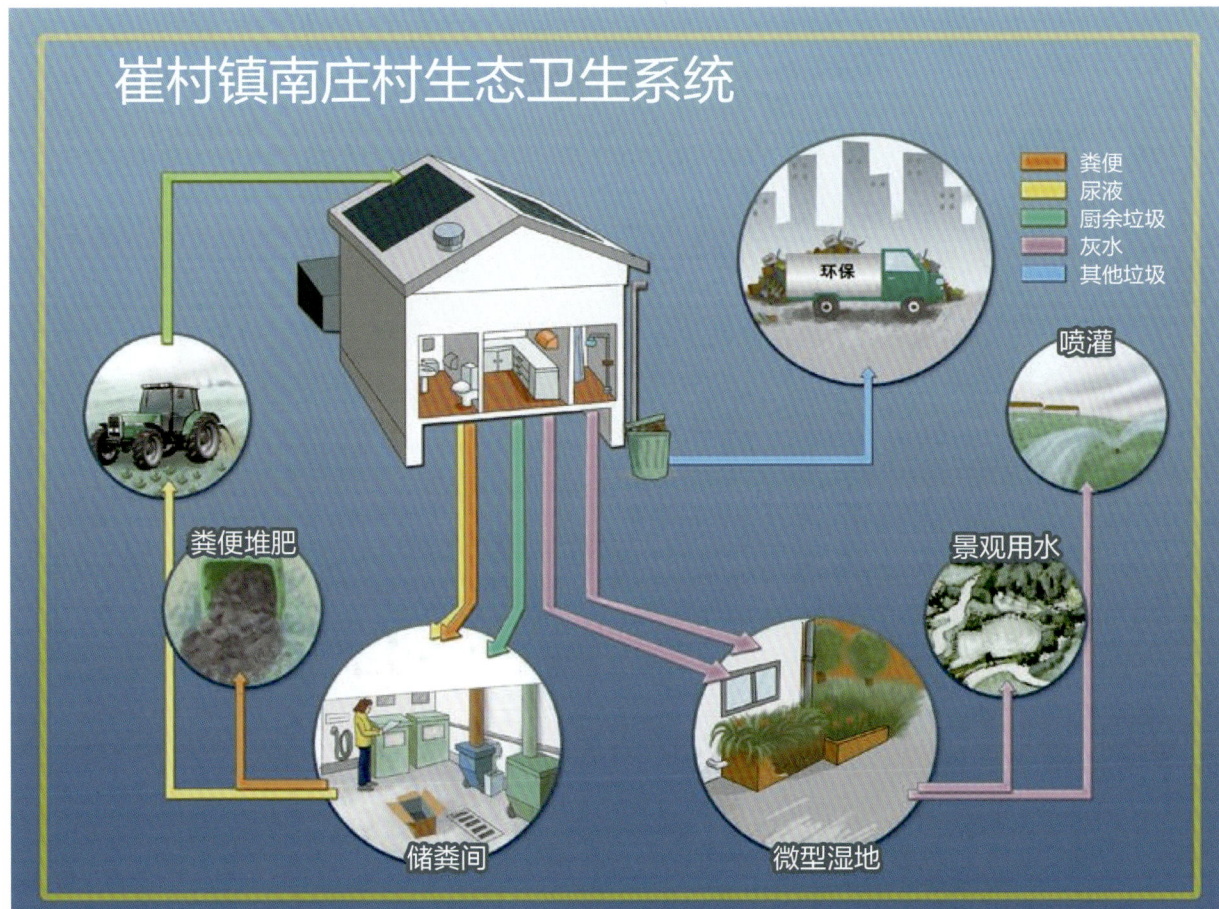

崔村镇南庄村生态卫生系统

固体废弃物的 处理处置

崔村镇生活污染治理处理方案

传统厕所的污染治理

存在问题：

1. 户厕建设随意性强；

2. 厕所卫生条件较差；

3. 厕所维护、粪便的收集和运转管理差；

4. 水冲式厕所极大地浪费水资源；

5. 水冲式厕所将污染物转移到了环境中。

治理方法：

1. 利用生态卫生厕所，将粪便污染物转化为可再生利用的有机肥料，最终消除污染物；

2. 拆除现有的室外简陋的厕所；

3. 对原室内空间狭长类厕所进行改造，提高装修质量；

4. 院内单独建造生态厕所卫生间，进行标准化系列化设计，高装修质量建设。

生活污水的污染治理

存在问题：

1. 家庭没有集中的污水收集管线；

2. 没有专门的污水和雨水排水管道系统；

3. 没有专有的污水处理系统；

4. 生活污水在大街上随意流淌，极大污染了环境卫生。

治理方法：

1. 需要对每家每户进行详细的调查；

2. 各家的高程、管线以及生活污水情况不一，需制定出适合每一个家庭的生活污水处理系统的施工方案；

3. 各家的生活用水收集管线需进行改造；

4. 街道生活污水收集主管线需要重新建设；

5. 选择适合庭院式复合生态系统的用户；

6. 选择适合单元式复合生态系统的用户；

7. 选择适合景观式复合生态系统的用户。

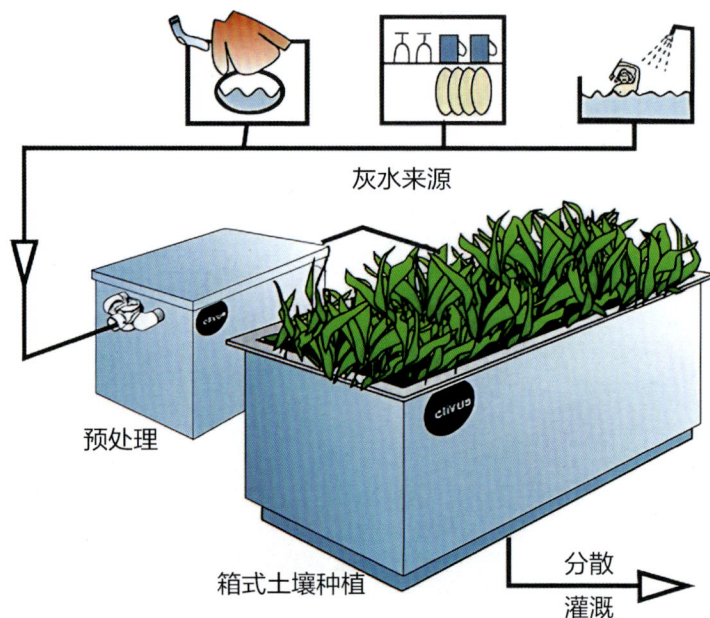

灰水来源

预处理

箱式土壤种植

分散
灌溉

生活垃圾的污染治理

具体措施：

1. 需进行生活垃圾分类回收的宣传教育工作，保证垃圾分类回收工作的顺利进行；

2. 对每家每户垃圾成分进行详细地分析调查；

3. 选择生活垃圾处理的垃圾量的用户范围；

4. 选择生活垃圾堆肥站的合适地点；

5. 制定出生活垃圾堆肥场的运行管理办法。

治理方法：

1. 运用二分法将生活垃圾简单分类；

2. 将生态厕所未堆制成肥的粪便收集至堆肥场进行集中堆肥；

3. 将落叶、厨余垃圾以及农田废弃物等有机废物收集至垃圾堆肥场制肥。

内容简介

本书共5章，从美丽乡村的建设历程出发，通过实地调研分析当今量大面广的美丽乡村建造现状，引出了当下乡村建造中环境综合整治问题的重要性，包括环境对乡村建设的重要性和乡村建设热潮中环境整治的意义，重点分析了污水治理、垃圾处理和有机垃圾资源化处理关键技术，以及环境基础设施与美丽乡村的综合营建，并进行了分类阐述，从而展现出当代乡村建设中环境综合整治的多元统一。

本书包含大量图纸和精美的照片，行文流畅，具有很强的参考价值与可读性，可供美丽乡村建设规划设计、乡村环境整治、景观设计、建筑设计、环境艺术设计等的科研工作者和管理者参考，也可供高等学校环境类、艺术类、建筑类、生态类及相关专业师生参阅。

图书在版编目（CIP）数据

村镇生态环境营造工法与实践 / 程璜鑫，阎中，王
凯军著． -- 北京：化学工业出版社，2025. 5. -- ISBN
978-7-122-47621-0

Ⅰ．X321.2

中国国家版本馆CIP数据核字第20257VC185号

责任编辑：刘　婧　刘兴春　　　　　　　　装帧设计：韩　飞
责任校对：王鹏飞

出版发行：化学工业出版社（北京市东城区青年湖南街13号　邮政编码100011）
印　　装：盛大（天津）印刷有限公司
889mm×1194mm　1/12　印张20½　字数630千字　　2025年9月北京第1版第1次印刷

购书咨询：010-64518888　　　　　　　售后服务：010-64518899
网　　址：http://www.cip.com.cn
凡购买本书，如有缺损质量问题，本社销售中心负责调换。

定　　价：268.00元　　　　　　　　　　　　　　　　　版权所有　违者必究